杨英光 著

# 成长与成功七要素

山西出版传媒集团

山西人民出版社

**图书在版编目（CIP）数据**

成长与成功七要素 / 杨英光著. — 太原：山西人民出版社，2025.7. — ISBN 978-7-203-13775-7

Ⅰ. B821-49

中国国家版本馆CIP数据核字第20256SZ030号

成长与成功七要素

| | |
|---|---|
| 著　　者：| 杨英光 |
| 责任编辑：| 贾　娟 |
| 复　　审：| 崔人杰 |
| 终　　审：| 梁晋华 |
| 装帧设计：| 陈　婷 |

出　版　者：山西出版传媒集团·山西人民出版社
地　　　址：太原市建设南路21号
邮　　　编：030012
发行营销：0351-4922220　4955996　4956039　4922127（传真）
天猫官网：https://sxrmcbs.tmall.com　电话：0351-4922159
E－mail：sxskcb@163.com　发行部
　　　　　　sxskcb@126.com　总编室
网　　　址：www.sxskcb.com

经　销　者：山西出版传媒集团·山西人民出版社
承　印　厂：山西出版传媒集团·山西人民印刷有限责任公司

开　　本：890mm×1240mm　1/32
印　　张：8.5
字　　数：190千字
版　　次：2025年7月　第1版
印　　次：2025年7月　第1次印刷
书　　号：ISBN 978-7-203-13775-7
定　　价：68.00元

# 目录

# ▶▶ 前　言

从参加工作到退休，一直有两大问题在我脑海里盘旋，一是影响人的成长与成功到底有哪些重要因素，决定人的命运究竟有哪些关键元素；二是人如何把握和运用好这些重要因素和关键元素。

退休之后，我有了大量时间思考它，琢磨它，研究它，探讨它。通过十三年的努力，我终于找到了答案，那就是呈现在大家眼前的这本书——《成长与成功七要素》。答案是否满意，仅供大家参考。

通过长期大量的阅读，我发现，西方人对成长与成功的研究和探讨，开始是神学、哲学、星座学、宗教学等，但自文艺复兴运动以来，他们对成长与成功的研究和探讨，越来越偏重于人对科技、资本、利器的掌握、运用和创新，以便提高驾驭别人、捞取资本和征服自然的能力。他们在对人的教育和培训过程中，过多地加进了利己主义和拜金主义的理念，过多地加进了商业的安排、技术的创新和技巧的运用，使人的教育和培训越来越市场化、产业化、功利化、资本化。

近代以来，西方人在对人的成长与成功方面的研究和探讨，经验很多，硕果累累。但遗憾的是，这些研究成果，很快就被利益集团利用。他们把研究成果进行市场化包装和产业化炒作，异化成了商人们捞钱的平台和技巧，这样也就异化了研究成果的本质，扭曲了办教育和培训的初衷，最终异化了人的成长与成功。

针对这种现象，史蒂芬·科维在《高效能人士的七个习惯》一书中说道："我潜心研究了1776年以来美国所有讨论成功因素的文献。我阅读或浏览过这方面的论著不下数百部，论题遍及自我完善、大众心理学以及自我帮助等等。对于爱好自由民主的美国人民所公认的赢得成功的种种关键因素，已算得上了如指掌。从这200种著作中，我注意到一个令人诧异的趋势。根据我自己和我周围的人曾经历过的痛苦和经验，过去50年来讨论成功术的著作都很肤浅，谈的都是如何树立社会形象的技巧和如何成功的捷径。但这种用'阿司匹林'和'创可贴'来治疗心灵痛苦的方法，往往是头痛医头，脚痛医脚，治标而不治本。有时似乎取得了暂时的效果，但是深层次的问题没有解决，不时又会重新出现。与此形成鲜明对比的是，前150年的论著强调'人格魅力'为成功之本——如诚信、谦虚、忠诚、节欲、勇气、公正、耐心、勤勉、朴素、诚实和一些称得上是金科玉律的品德。"

哈佛大学教授哈瑞·刘易斯在《失去灵魂的卓越：哈佛是如何忘记教育宗旨》一书中说："如今这所大学的办学思想中已经

找不到社会责任感的存在，而古老的通识教育理想也已经有名无实，哈佛教育不再致力于解放人的思想和精神，而是重视市场名利。它所培养的学生，尽管成绩优异，毕业后也可成为商界、政界名流，但却找不到责任感、价值观的灵魂。"

近四十年来，我看过上百本中国人研究和探讨成长与成功的书籍和资料，我发现，前些年受西方尤其是受美国的影响，我国也出现了一些类似于史蒂芬·科维和哈瑞·刘易斯在书中所说的情况和问题。

曾有一段时间，我们研究和探讨成长和成功的书占了几乎半壁江山。但这些书大多引用西方近些年的理念和做法，书中谈的全是性格的培训而很少谈人格的修养；讲的多是快速成长的技巧和一夜成功的捷径，而很少讲遵守人的行为准则和做事的各种规矩；谈的尽是个人外表、人际关系和攻关技巧的训练和提高，却很少谈做人做事的底色、底气和基本功的积淀与提升。

其中有不少书把成功固化成了赚钱、当官和出名。书中过多地用财富、权力、技巧绑架了人的成长与成功。有的书还把团队看作战场，并教人以权谋之术来应对之。伴随着这些声音的浪潮，市面上出现了不少古今谋略之书。有些培训机构曾公开设立《厚黑学》和各种谋略学的课程。

对此，朱磊在《人民日报》发表了一篇文章，题目是：《作品当励志莫"励欲"》，文章中写道：

"朋友最近想读书，从网上的畅销榜单里找了些书目给我看，看完不禁苦笑，除了一些小说类，最多的竟然都是一些标榜着'速成''稳赢'之类的成功学书籍，要不就是一些胡乱编造的'心灵鸡汤'。类似的情形很多。这些年，机场、火车站都开设了读书柜，原本是件推动全民阅读的好事情。可摆在最显眼位置的，总是一些所谓励志的成功学教程，抑或是一些炒股类、算命类的书籍，还总能吸引不少人围观，而一些文学和人文社会科学的经典，却很难在这些寸土寸金的展柜里寻到'安身之处'。社会浮躁，令原本该启迪心智、引发思考的书籍也卷裹其中。这种现象，曾让著名作家周国平愤愤不平，在一次公开的演讲中，他评价这些所谓的'文化作品'：'全部都是垃圾，不是励志，而是励欲！'"

李开复在《世界因你不同》一书里说了这样一段话：

"我至今还忘不了和一个暑期工的谈话。这个学生来自中国数一数二的名校，他一直想就未来的规划和我进行一次深入的交流，于是我们坐在微软中国研究院的一间小会议室里交流起来。他说：'开复，我希望我能像你一样成功。而根据我的理解，成功就是管人，管人这件事很过瘾。那么，我该怎么做才能走上管理者的岗位呢？'我没有想到，一个名牌大学的高才生对成功的认识竟是如此片面和肤浅。他的想法折射出的是中国社会由来已久的通病，那就是希望每个人都按照同一个模式发展，在衡量个人成功时采用的也是一元化的标准：在学校看成绩，在社会看名利。渐渐地，我发现，持上述观点的学生不在少数。许多同学都会自觉不自觉地把成功与财富、地位和权力画上等号。归根结底，这种现象反映出的是中国学生在价值取向上的迷茫。而他们在多元社会里各种价值观的冲击下逐渐丧失了独立的思考力，并逐渐背离了正确的价值观。他们期望通过简单地复制别人的成功之路而快速致富，盲目地追随某种社会风潮，并被名利的诱惑蒙蔽了自己的内心。看到这种情况，我内心非常焦虑，中国的大学生是非常优秀的，但我却越来越感受到他们内心的困惑。望子成龙的父母，应试教育体制束缚下的学校和老师，急功近利的社会心态，这些都让他们很多人在成长之路上陷于迷失。"

再拿我们前些年的教育和培训来说，毋庸置疑，改革开放以来，我国的各种教育和社会培训，无论是事业发展，还是质量提升，都取得了较大的成绩。但与此同时，我们也不能回避，在很多方面，确实存在着不少问题，有些问题还相当严重。

中国人民大学俞国良教授把我国当前家庭教育出现的问题归纳为六多六少。六多是："知识传授多，德性修养少；生活关心多，素质培养少；脑力劳动多，体力劳动少；身体关心多，心理指导少；硬性灌输多，启发诱导少；期望要求多，因材施教少。"六少是："无理由呵护、无分寸褒奖、无节制满足、无原则让步、无边际许诺、无休止唠叨。"

我们在学校教育上功利而短视，把考试分数和录取率看得高于一切，学生作业繁重，孩子们学得太苦太累了。

北京大学钱理群教授在《大学里绝对精致的利己主义者》一文中说："像北大这样的学校，培养精英是无可厚非的。我们现在需要讨论的是，我们要培养什么样的精英，或者我们每个同学要把自己培养成为什么样的尖子？这个问题更加重大，也许是更加严峻的。我现在恰好对这些尖子学生非常担心——当然不是全体——但是相当一部分尖子学生，也包括北大的尖子生，让我感到忧虑。在我看来，真正的精英应该有独立自由的创造精神，也是上次我在北大中文系演讲时所提出的，要有自我的承担，要有对自己职业的承担，要有对国家、民族、社会、人类的承担。这是我所理解和期待的精英。但是我觉得我们现在的教育，特别是我刚才说的，实用主义、实利主义、虚无主义的教育，正在培养出一批我所概括的'绝对的、精致的利己主义者。'"

曾有好几个年轻家长和我说，不知是什么原因造成的，现在做孩子的家长真的很难，也很无奈。我问她们有哪些难处？她们说：一是在昏天黑地的广告和短信的猛砸下，我们真不知道该听谁、信谁；二是应对不了学校老师给孩子留的作业太多、太难；三是没那么大的精力和财力陪孩子们上那么多的补习班、才艺班；四是为了让孩子们不输在起跑线上，我们不得不拼命挣钱。说心里话，我们这些家长现在活得很累，很烦，很躁。

人们渴望自己的孩子通过读书、受教育和培训而快一点成长、早一点成功，心情可以理解。但有很多人并不知道人的成长和成功呈多样性、适己性；任何人的成长和成功都有法则制约和规律可循，不是你想怎样就能怎样，也不是你想快就能快。关于成长和成功，有些事自己能确定也能掌控，但也有好多事无法预料也无法掌控。所以，我们对成功的研究和探讨，绝不能把成功固化为财富的多寡、职务的高低、名气的大小；也不能把教人成长和成功的理念、方式和方法都僵化和简化为只是"术"和"器"的问题；也不能把所有人的成长和成功都锁定在"争做塔尖上的人"

这一目标上，更不能把人的成长和成功的方式、方法教条化为只是模式、套路和技巧的问题。

前些年，社会上关注和传播西方式成长与成功的书太多，而系统研究和探讨中国式成长与成功的书却很少。如果我们一味地步西方国家的后尘，时间长了，那只能使我们的孩子从一出生，就开始在争斗、功利、权贵、技巧上狂奔，往塔尖上猛爬；也很容易使他们从小就丢失掉做人的基本盘，丧失做事的基本功；极有可能把他们培养成为"气球"式的人才，上不接天命，下不接地气，更不会扎根中国大地生根发芽，茁壮成长。他们最容易产生零和博弈的思维，患上成长和成功的速成症、焦虑症，不守规矩，不遵循规律，偷奸取巧，甚至为了发财不怕违法和犯罪。

我是一个过来人，几乎大半辈子都在与管理、培训打交道。在自己的成长和成功上，尤其是在学习西方式的成长与成功的理念和方法上，有较多的经验和太多的教训，有很多体会和感悟，可以说酸甜苦辣咸五味俱全。我很想把这些告诉年轻人，也许对他们和他们的孩子的成长和成功有所启迪，有所帮助。这也是我为什么非常想写《成长与成功七要素》这本书的最初用意和根本所在。

尼采说："每次写作皆是一次冒险。"在写作这本书时，越接近完成我就越意识到了这一点。

人生既充满着知识性、科学性和必然性，也包含着多样性、不同性、趣味性、艺术性和不可比性，更隐藏着智慧性、奇妙性和奥秘性，还存在不可掌控性和无可奈何性。

尤其是中西方对人的成长与成功的探讨和研究，从源头到演变过程、到结出各种成果，既有一定的相似，也有较多的不同。我们很有必要对这些同与不同作深入、系统、全面的探讨和研究，以便能从中找到更适合当代中国人成长与成功的理念、路径，方式和方法。

写作这本书的另一个目的就是想在这方面拾遗补缺，抛砖引玉，使更多的人关注这一重大课题，以满足更多人学习中国式成长与成功之急需，让自己在成长与成功的路上能走正、走稳、走远，活得简单一些、快乐一些；同时也是为了帮助年轻父母更好地引导和陪伴孩子健康快乐地成长！

# ▶▶ 第一讲　中西方人对成长与成功不同的探寻

## 中国人对成长与成功的探寻

中国人对成长与成功这一课题的研究和探讨，源头是中国神话故事和《易经》。其理论倾向于"造化论"。中国神话故事讲，盘古开天辟地，女娲抟泥造人。中国古人认为，"世事无常，造化弄人"，人和万物的生成是天地之造化、阴阳之融合。老子说："道生一，一生二，二生三，三生万物。"（《老子·第四十二章》）

《庄子·达生》曰："天地者，万物之父母也。"王阳明则说："圣人之心以天地万物为一体。"中国古代哲人始终认为"天人合一""万物一体"，天下是众生的天下，人固然处在天地之中，但人与人、人与自然万物的关系是一种生态链关系，每个人都是链上的一环。人与人、人与万物的关系是一种相依、相克、互存、互生的关系，而不是竞争博弈的关系，更不是你死我活、一家独大的关系。

　　所以，中国古代哲人选择的成长路径是：人与人、人与万物和谐共处、共生共长；他们看待成功的理念是：先做人，后做事。他们不仅在乎结果，更在乎享受成长和成功的全过程。他们认为，"谋事在人，成事在天"。他们不仅重视谋事，重视对"六艺"（"六艺"是指中国周朝贵族教育体系中的六种技能，即：礼、乐、射、御、书、数。）的学习、掌握和运用，更重视"六艺治于一也"，更在乎"精技进乎艺"。他们对成长和成功的理念是"在因上努力，在果上随缘"。对于大多数人而言，能过上平凡、安全、简单、踏实、自给、自足、自在的日子，那就是成功，那就是幸福。有两句诗，第一句是"我想在山间有亩田，种草种花种清闲"；另一句是"人生不求财满地，但求平安度四季"。这两句诗道出了中国古人的生存观和幸福观。

　　中国古代哲人之所以强调人的成长与成功要有这样的理念、持有这样的态度、选择走这样的路径、采取这样的方式和方法，是因为其顺应了自然发展的法则和规律，遵循了社会进步和人成长与成功的规律和规则，它能给人与自然带来和谐与安宁、能给人带来平安和健康。它不仅能让大多数小人物学会在烟火气息里谋生，在平淡日子里找乐，也能让他们苦在平凡，累在平凡，爱在平凡，乐在平凡，能把平凡的日子过得不平凡，而且还能让一些"圣人"和"君子"学会为国为民负责和担当，能做到"先天下之忧而忧，后天下之乐而乐"。

　　中国古代哲人不相信生死轮回。他们认为，人能来到世界，是顺应自然之造化、仰承日月之精华、融合父母之精血而生成。

所以，人一生下来就千差万别，不在同一条起跑线上比拼。他们各有各的跑道，各有各的生存方式和方法，各有各的人生角色和使命，各有各的运气和命运。对此，《中庸》讲："万物并育而不相害；大道并行而不相悖。"杜甫赋诗曰："造化钟神秀，阴阳割昏晓。"荀子曰："维齐非齐也。"

每一个人的成长和成功，既有各自不同的主观性、主动性、自然性和必然性，也有各自不同的客观性、被动性和随机性，更有各自不同的时代性、独特性和多样性。

正因为此，人才会遭遇到各自不同的痛苦，感受到各自不同的快乐，演绎出各自不同的命运，沉淀出各自不同的人生，体验到各自不同的酸甜苦辣。所以，每个人的成长与成功并没有可比性和攀比性。

西方人看智商和情商，而中国人却从来不把"智""情"与"商"这个字挂钩，更不会把它们结合在一起运用。而是把"智"与"慧"结合在一起，组成了"智慧"；把"情"与"怀"结合在一起，组成了"情怀"，更把个人成长与家国兴衰紧紧联系在一起，组成了智慧人生和家国情怀。

中国人始终看重的是道理、智慧与人文在成长成功中的运用，看重的是人的情怀、格局、心灵的塑造，看重的是人自身的素养、学养、修养、涵养的提升，注重的是天人合一，互根互生，相互成全。

中国人认为，只要笃行儒家的世界观和方法论，按照道家的理念和智慧去做人做事，即使是普通人，也能在烟火气息里谋生，在平淡日子里找乐，过上"采菊东篱下，悠然见南山"的一种休闲、安然、平淡、快乐的生活。

在中国人看来，快乐，不仅是生命的赐予，更是自己心灵的领悟；幸福，不仅是生活的馈赠，更是自己精神的升华。所以，中国式成长与成功始终注重的是个人、家庭、学校、社会对心灵的升华。这样的理念和教育，更像"随风潜入夜，润物细无声"的春雨，既悄然滋润着人们的心灵，又推动着人们的精神境界向真、向善、向美而迈进，以保证走正、走稳、走远，活得轻松和快乐一些。

《庄子》一书里有好多经典故事，如宁愿用瓦罐取水也不用机械和宁做自由之龟也不当宰相的故事。从这些故事中我们看出，中国人很早就认识到，人的欲望一旦被无限制、无引领地放大，人的成长成功就极容易走上邪路。

由此可见，中国古代哲人很早就摆脱了西方人工具理性的思维钳制和物质主义对人性的束缚。他们不以财富追求作为人生价值的体现，不将金钱与幸福画上等号，而是发自内心地肯定"日出而作，日落而息，逍遥于天地之间而心意自得"的自然生活、自觉态度和真切幸福。

儒家认为："天地生人，有一人当有一人之业；人生在世，有一日当尽一日之责。"中国人从不赞美人与人之间的竞争、博弈和攀比，只赞美自己不断地修养自我、超越自我，然后自觉地担负起自己的各种职责、使命，和周围人一起与天地万物共生共长，彼此促成，使世界因你的不同而不同，同时，又因你的温暖使世界大同。

中国传统文化认为，能使一个人快乐和幸福，不在于一个人所获物质的多与少，而取决于一个人精神层面的高与低。苏轼在《宝绘堂记》里说："君子可以寓意于物，而不可以留意于物。寓意于物，虽微物足以为乐，虽尤物不足以为病。留意于物，虽微物足以为病，虽尤物不足以为乐。"这段话的意思是：君子可以把心意寄托在事物中，但不可以沉溺在事物中。如果把心意寄托在事物中，即使事物很微小也会让人感到很快乐，即使事物珍奇也不会成为祸害。如果沉溺在事物中，即使事物很微小也会成为祸害，即使是珍奇的事物也不会让人感到快乐。正是受这种文化的熏陶，才使得我国历史上出现了许许多多生活简单而内心富足的君子和圣人。他们过着平淡、朴实的日子，心里却充满了快乐！

## "自强不息"与"道法自然"

"自强不息，厚德载物"，是中国传统文化中极具代表性的精神理念，出自《周易》中的《易传》，"天行健，君子以自强不息；地势坤，君子以厚德载物"。大意是：天的运动刚强劲健，相应于此，君子为人应像天一样，志存高远，与时俱进，刚毅坚卓，发奋图强，永不停息；大地的品质是厚实和顺，相应于此，君子做事应像大地一样，脚踏实地，处下守柔，厚实和顺，容载万物。

"自强不息，厚德载物"理念的提出，不仅标志着中国人的人文觉醒和自身力量的被强调，同时也构成了中华传统文化的精神谱系和人文力量，成为中国式成长学与成功学的奠基石和主旋律。

"道法自然，上善若水"，是道家思想的核心精髓。老子认为，人的成长与成功应该取法自然，拜自然为师，自觉遵循自然发展的规律和规则，并借助自然的力量发展自己，与自然和谐相处。尤其应该像水一样，既要有奔向大海的勇气、意志和能力，也要有顺风应变、随器赋形、随物寓色的心力和能力，这样才能与天地万物相互成全，共同发展。老子把成长与成功的最高境界锁定在做一个像水一样"善化"的人，当然能做一个以"百姓心为心"的圣人那更好。

"道法自然，上善若水"，不仅是中国传统文化的优秀因子，也是中国式成长学与成功学里"无小用而有大用，无近用而有远用"的大道理、真学问，是一种超越方法的方法、不是智慧的智慧。

主动修身，自觉担当，是儒家思想中的核心理念。孔子认为，成长与成功应该通过"修己以敬""修己以安人""修己以安百姓"三个层次的修炼使自己成为君子，以便更好地担负起自己肩上的责任和使命，让自己和周围的老百姓都能过上安稳的日子。"修身，齐家，治国，平天下"；"为天地立心，为生民立命，为往圣继绝学，为万世开太平。""先天下之忧而忧，后天下之乐而乐。""天下兴亡，匹夫有责。" 等等，最能代表儒家主动修身、自觉担当的追求。

主动修身，自觉担当，既是中华民族优秀的人格品性和精神境界，也是中国式成长和成功学的核心内涵和精神要义。

同时，顺其自然，听天由命，是中国老百姓代代相传的生活常用语，也正是这两句老百姓"知而未知""用而未觉"的常用语，帮助不少人从痛苦中走出来，从艰难中挺过来，并学会了坦然面对成长中的不顺心、生活中的不快乐、奋进中的不顺利。

中国人既信"己"，也信"天"；既"认命"，也想"改命"；既重视"自强自立"，又愿意"听天由命"；既愿意在"因"上努力，也接受在"果"上随缘；既注重"正向因果"逻辑，也不忘"逆向因果"逻辑。

几千年来，中国人自觉与不自觉地在己、天、命、因、果之间踌躇；在舍与得、苦与乐、利与义、进与退、荣与辱、败与成、危与机之间转换，总结出不少宝贵的经验和教训。一些圣哲把这些经验和教训提炼成了微言大义和人生智慧，而老百姓则把它们提炼成了代代相传的常用语和人生中的行为习惯。

也正是在这些微言大义和人生智慧的引领、启迪下，在这些百姓代代相传的常用语的安慰和陪伴下，中国人走上了一条与西方人不尽相同的成长与成功之路。

## 中国人眼中的成长与成功

中国人眼中的成长，不是和他人竞争、攀比，想尽一切办法打败他人，独占鳌头。而是"道法自然""天人合一"，通过"知己""克己""修己"，不断反省自己，批判自己，战胜自己，挑战自己，改变自己，超越自己，使自己成长为一个对家庭和社会有所负责、有所担当的普通人；成长为一个在普通的工作中，在平常的日子里，也能找寻到自己生命的意义，并能享受到日常生活快乐的人。

中国人眼中的成功是：首先是成为一个普通人、正常人，其次是找到适合自己个性和特长的工作岗位和生活方式；最好是能成为一个走得正、走得稳、走得远的仁者，能过上平安、简单、踏实、自给、自足、自在的平常生活。中国老百姓对于这种平常生活最生动的描述就是"一头牛，两亩地，老婆孩子热炕头"。

对于普通人而言，中国式成长和成功的最高境界是：道法自然，找到适合自己个性和特长的表演舞台，把自己的角色尽情扮演好，让自己苦乐其中，最终，成为一个最优秀的自己。

对于领导者而言，中国式成长和成功的最高境界是：道法自然，顺应自然，爱护自然，与自然和谐共生，"以百姓心为心"，自觉遵守规则、遵循规律，主动承担起自己肩上的责任和头上的使命，做一个能"爱民治国""修己以安百姓"的君子，当然，能成为老子眼里的"圣人"更好。

中国人认为个人的成功和幸福与家国、民族、天下是分不开的。所以，在中国人眼里，世界不是狭小拥挤的，而是宽广博大的；人世间不是处处充满了冷酷、竞争和博弈，而是到处都有温暖、关爱和合作，关键看你怎么看待，怎么对待。

中国式成长有五个大台阶，分别是：成人，成家，成才，成器，成熟。

所谓成人，一是指身体的成熟；二是指懂得了生命的安全高于一切；三是指懂得了做人的原则和做事的基本道理，并开始正视自己肩上的责任和头上的使命。说得通俗一点，就是走好自己的路，做好自己的事，演好自己的角色。

中国社会对成长的基本要求是：一个懂得对自己负责而又能

够负起责的人，才能受到家庭和他人的尊重，被团队和社会接纳，并相互成全。

18 岁只是成人的年龄起点。真正成人的标志应该是：懂得珍惜自己的性命、热爱自己的生命、不负自己的使命；对自己的成长有自信、有耐心；对亲人有感恩之心，对他人有恻隐之心。成长为有人性、有灵魂、懂感恩、爱家、爱国的普通人、健康人、正常人。

2020 年年初，在广东援鄂医疗队里，有一位不到 20 岁的女护士。记者问她："你还是个孩子，需要别人的帮助。"没想到她回答说："穿上防护服我就不是孩子了。"我以为，小护士这句话就是对中国式成人很好的诠释。

所谓成家，是指没有任何血缘关系的男女二人通过结合组成新的家庭。从成家那一天起，他们就开始担负起家庭的责任和使命。并通过家庭小舞台的演练，让夫妻俩走上人生更大的舞台奠定基础、积累经验和教训，提升应对能力，要为自己孩子的健康成长负起家长的责任和义务。

西方人有句话，"婚姻是爱情的坟墓"。在中国人眼里，婚姻是爱情的结晶，是天作之合，是通过结婚成家这一方式，为比翼齐飞、白头偕老提供一个合法的组织、合适的平台和温馨的舞台。中国古人把成家看成是"齐家"，看作是一个人成长的重要节点和角色演练。

所谓成才，是指一个人通过学习和钻研，掌握了一技之长、一业之专、一职之能，有自己独立生存和生活的本领，能为自己的家庭谋生、添彩，能为自己所在团队和国家所用、担责和尽职。

所谓成器，不仅是指拥有了才能，能对家庭、团队、国家有用，而且还指你能容下别人的才能和短板，能与别人合作，并相互成全。"器"既指人的才华，也指人的格局。人的格局大了，愿意跟你合作的人就多了，你的人生才会有大的改变。

"才"是自己单打独斗的本领；"器"是与他人合作的本领。成才提升的是自己的能量；成器提升的是自己的气量。许多时候，"器"能弥补"才"的不足，而"才"却弥补不了"器"的不足。

刘邦与项羽的成败，就是很好的一个例子。从某种程度讲，项羽的才能胜过了刘邦，但刘邦的"器"要比项羽的"器"大得多，所以，最后刘邦成功了，项羽失败了。当今社会，有些人之所以能把事业做大做强，关键因素是他的"器"大，他不仅能与别人合作，更能把优秀的人才吸纳到自己的团队，使自己的团队越来越优秀。

人的成长中，为什么一些很有才的人发展到一定程度时就没有了后劲呢？原因很简单，一是他自私，眼界小；二是他的文化积淀不够，三是他的"器"不大，从而制约了他的"才"的提升和发挥。他要想突破发展瓶颈，就得扩充"器"，通过文化积淀，提升眼光、胸怀和格局，主动把更多的名利让给别人，为别人的成功提供更大更好的平台。一些大师、大企业家、大国工匠之所以被誉为"大"，不仅因为他自己优秀，而且因为他的"器"很大，他能吸收众人的优秀，使团队里更多的人都变得优秀；他不仅自己能成功，更能助众人成功。

所谓成熟，就是指一个人通过"修己"，能逐步认清自己的长项和短板，他不仅能管住自己，也能改变自己，提升自己，做适合自己做的事，过适合自己的日子，并在成长与成功的过程中，不断超越自我，把小我升华为大我。

成熟与年龄有一定的关系，但并不完全取决于年龄。成熟是成人、成家、成才、成器等叠加转化之后的结果。成人是成功的起点，成家是成功的演练，成才是成功的抓手，成器是成功的大平台，成熟是健康成长、正常成功的高境界。

所谓中国式成功，先是让人成长为一个有人性、有灵魂、能做成事的普通人，正常人。然后通过"知己""修己"，搞清自己的兴趣、爱好、长项和短板，学会在烟火气息里谋生，在平淡日子里找乐的本事，把自己的工作干出色，把自己的日子过红火，使自己成为最优秀的自己。

中国式最开心的成功是：找到自己的适合，找准自己的定位，尽心尽力把它干出色，学会享受全过程快乐！

### 跟着农历生产与生活

农历是中国人的发明和创造，是中国人根据月亮和太阳运行变化的节点和特点，在实践中总结出来的天地运行和气候变化的历法。我们的祖先就靠它确定了中国人自己的年、月、日、时和"二十四节气"。

中国农历，不仅是天文，也是地文，更是人文。在中国农历里，我们不仅能看到精确的时间和气候变化的节点和特点，而且也能找到天地人三者之间紧密的对应关系，更能感受到中国人生存的智慧，品尝到中国生活的各种味道。

正是中国农历的确立，让中国人"与天地合其德，与日月合其明，与四时合其序"，从而建立了"天格""地格""人格"的对应关系，为中国农学、中国栽培学、中国气象学、中国经济学、中国哲学等奠定了厚实的天地基础。

中国农历，对中国人的生产和生活极具引领性和指导性。有农村成长经历的人都有感受，中国农历和二十四节气陪伴着他们的人生，他们就是随着这一套时间路线图和气候变化图长大的，是在这些不断的变化过程中完成自己的成长与成功，并享受其中的快乐和幸福。

中国人正是因为有了这张时间路线图和气候变化图，才有了精准的观象授时，才有了适时的春播、夏锄、秋收和冬藏，才有了跟着二十四节气去作息。从立春、雨水、惊蛰，直到冬至、小寒、大寒，中国人用一个个节气串起了一年四季的变幻，也串起了中国人对美好生活的期待、向往和享受。

也许正是受中国农历的影响和引领，我们的祖先才创造出《周易》《道德经》《论语》《荀子》《墨子》《诗经》等文化经典。也正是中国农历的产生，使中国人很早就认识到：人只要按照天文、地文去生活，跟着二十四节气成长与成功，就会趋吉避凶，吉祥如意。

正是受中国农历的影响和折射，使中国人不仅找到了生产生活成功之编程，而且找到了快乐和幸福之密码。"清明游春，夏至祈雨，处暑纳凉，小雪饮酒"，这句话说的是中国人追求节气之中的快乐和幸福。

正是中国农历的发明和创造，给中国人增添了更多的烟火气息和人间真情，并让中国人学会了珍惜性命、重视生命、担当使命、享受成长与成功全过程中的快乐和幸福，而不像西方人那样过多地追求和享受目标性、结果性、物质性的快乐和幸福。

中国人早就发现，在成长与成功的过程中，过度追求和享受目标性、结果性、物质性的快乐，反而会少了许多过程中的快乐和幸福，而且这样的追求，结果往往会使自己身体和精神疲惫，心理有时也会出毛病。

## 安居乐业，平安是福

在中国古代哲人眼里，所谓成长和成功不是像西方人那样不断地追逐资本、追逐名利，不断地满足自身的私欲，而是像老子所说："居善地，心善渊，与善仁，言善信，正善治，事善能，动善时。夫唯不争，故无尤。"或者是如孔子所说："志于道，据于德，依于仁，游于艺"，使自己"贫而乐，富而好礼"。也就是说，人人都能安居乐业，过上简单而又快乐的生活。当然，能过上一种诗意生活，那更是人生之大幸。

中国古人觉得爱在简单，乐在平常。陶渊明"结庐在人境，而无车马喧。问君何能尔，心远地自偏"的诗句，以及刘禹锡所作的《陋室铭》，都一次又一次地证明了平淡人生照样可以达到超凡入圣的精神境界，也证明了简单生活、平常日子也可以给人带来快乐和幸福。

中国古代哲人认为，人最大的成功和幸福不是有多少钱，当多大官，而是能安居乐业，健康长寿，即使是当了官，也要给自己找一个能安顿心灵的地方，让自己的人生问心无愧，一定要将自我与社会紧紧相连，用自己的行为为人生赋义，为人间添爱，为家国增力。

中华文明从神话故事开始就是一种以人为本的文明。所以，中国式的教育始终注重的是社会分工，而不是社会分层；注重的是人文关怀，而不是人间争斗；注重的是人与人、人与自然万物的和谐共生，而不是博弈和征服。

中国式成长与成功之道，首选"适己之性，各安其所，各得其安"。虽然在后来的发展过程和文化演变过程中也有了科举制度，也有了为"黄金屋，颜如玉"的读书追求，甚至还出现了《厚黑学》之类的各种杂音，但中华文化的主流，中华文明的基因的主线始终是"天人合一""平安是福""知人""知己""修己"和"修己以安百姓"的人文关怀和家国情怀。

## 到什么年龄做什么年龄的事

对于人如何成长，《易经》给出的答案是"顺天应人"；老子给出的答案是"道法自然"；孔子给出的答案是"修己以敬"。孔子在回答学生自己是如何成长时说道："十五志于学，三十而立，四十而不惑，五十而知天命，六十而耳顺，七十而从心所欲，不逾矩。"这一段话给人最大的启示是：到什么年龄段做什么年龄段的事。

"十五志于学"，说的是人到了"十五"这个年龄段，就要好好学习，从做好小事、管好小节开始，逐步学会感恩、学会助人、学会自律，并掌握一门手艺，使自己成为一个热爱学习、热爱生活、懂得付出并有一技之长的人。

"三十而立"，说的是人到了"三十"这个年龄段，就应该确立自己的志向和理想，拥有自信和坚定，成为一个能独立生活、有责任心和使命感、能"齐家"的人。

"四十而不惑"，说的是人到了"四十"这个年龄段，应该懂得人生的进与退、荣与辱，能做到心有所戒，行有所止，不被过多的东西所诱惑、所困惑、所捆绑。

"五十而知天命"，说的是人到了"五十"这个年龄段，应该能理性地看待外面的世界，平静应对自己前行中的成与败、命运中的得与失、人世间的冷与暖、人生中的苦与乐。

"六十而耳顺"，说的是人到了"六十"这个年龄段，应该能听得进各种各样的反面意见和尖锐批评，在自己的内心里，既有包容的肚量，又有了推己及人的雅量。

"七十而从心所欲，不逾矩"，说的是人到了"七十"这个年龄段，应该越来越注重的是自己内心的安康和快乐，而不是外在利益的多与少，让自己的内心越来越从容和缓，行为越来越自由自在，但又不超越各种规则和规矩。

中国古代哲人对成长的研究和探讨，不仅重视"顺天应人""道法自然""修己以儆"，到什么年龄段做什么年龄段的事，而且也格外重视人的精神境界的塑造，更注重心灵的健康和心力的升华，而不是像西方那样对外在东西过度迷恋和追逐。

## 最智慧的路线图和最温暖的愿景图

早在两千年以前，老子就为人的成长和成功绘制了一张最智慧的路线图，它就是"居善地，心善渊，与善仁，言善信，政善治，事善能，动善时"，并为中国人绘制了一张温馨的愿景图，那就是"甘其食，美其服，安其居，乐其俗"；儒家也为人的成长和成功设计了一张健康的路线图，那就是"格物，致知，诚意，正心，修身，齐家，治国，平天下"，并为中国人绘制了一张最温暖的愿景图，那就是"天下为公，世界大同"。

从这两张路线图和愿景图我们可以看出，中国古代哲人对成长和成功的探讨，最关注的是人的心力的提升，人的精神境界和胸怀的升华，并始终把个人的成长和成功与大众、家国、自然紧密地联系在一起，最后全部落脚在"为民"和"安民"上，落实在为大多数人谋福祉上。

正因为中国古代哲人对成长和成功有如此不同于西方人的理念、路径和愿景，所以，才使不少中国人拥有了一种"安贫乐道""不为物喜，不为己悲""先天下之忧而忧，后天下之乐而乐"的心力和心境、格局和情怀。而且这种心力、心境、格局和情怀，是通过自觉地修养将天地之气凝聚在内心的悠然自得，是不为物欲所困的主体内在之乐，是一个人精神成长和走向更广阔世界的源代码。

正因为中国古代哲人如此注重修炼这样的心力、心境、格局、情怀和智慧，所以才导致中国许多仁人志士身处困境、逆境、绝境之下仍能活出自尊、自在和快乐，仍能在困惑中、逆境中不断从自己身上提取正能量，给世人留下许多美好而又不朽的东西，从而实现了人生最伟大的超越——自我超越。在这方面，陶渊明、刘禹锡、李白、杜甫、苏轼、辛弃疾、王勃等文学巨匠的产生就是最好的例证，还有，像李时珍、扁鹊、华佗、孙思邈、张仲景、叶桂、葛洪、宋慈等苍生大医的出现就是最好的说明。

刘禹锡被罢官之后，住在一间陋室里，依然能"谈笑有鸿儒，往来无白丁"，并自娱自乐地说：圣人孔子看到我现在这样，都会夸我的住处"何陋之有"；杜甫的茅屋"为秋风所破"，依然还写下"安得广厦千万间，大庇天下寒士俱欢颜！风雨不动安如山。呜呼！何时眼前突兀见此屋，吾庐独破受冻死亦足！"的千古佳句。

## 避不开的弯路

近百年来，西方尤其是美国对成长与成功的研究和探讨出现了较多问题，甚至将路走偏。近四十年来，由于过多地受市场化、商业化、资本化的影响，尤其受美国的影响，我国对成长和成功的研究和探讨，也走了一段弯路，尤其在家庭养育、学校教育和社会培训方面，出现了不少问题，有些问题还比较严重。

曾有一段时间，"智力测验"在我国火了一段时间，戴尔·卡耐基著的《如何赢得友谊和影响他人》一书和丹尼尔·戈尔曼著的《情感智商》一书，在我国分外畅销。随着这股浪潮，我国出版了不少探讨成长和成功的著作，但这些书大同小异，引进美国的理念，谈的是性格的培训，很少谈人格的修养；大多讲的是快速成长的技巧和一夜成功的捷径，而很少讲遵守人的行为准则和做事的各种规矩；大多谈的是个人外表、人际关系和攻关技巧的训练和提高，而很少谈做人做事的底色、底气和底功的积淀与提升，更忘掉了中国"道"、中国"德"和中国"心"对成长和成功所起的引领性、支撑性和根本性的作用。

还有些书公开把成长和成功固化和僵化成赚钱、当官和出名。有些作者过多地用财富、权力、技巧绑架了人的成长和成功。还有些作者把团队看作战场，误导读者以权谋之术来应对职场中的人和事。

对此，朱磊曾在《人民日报》发表《作品当励志莫"励欲"》的文章中讲道："朋友最近想读书，从网上的畅销榜单里找了些书目给我看，看完不禁苦笑，除了一些小说类，最多的竟然都是一些标榜着'速成''稳赢'之类的成功学书籍，要不就是一些胡乱编造的'心灵鸡汤'。类似的情形很多。这些年，机场、火车站都开设了读书柜，原本是件推动全民阅读的好事情。可摆在最显眼位置的，总是一些所谓励志的成功学教程，抑或是一些炒股类、算命类的书籍，还总能吸引不少人围观，而一些文学和人文社会科学的经典，却很难在这些寸土寸金的展柜里寻到'安身之处'。社会浮躁，令原本该启迪心智、引发思考的书籍也卷裹其中。这种现象，曾让著名作家周国平愤愤不平，在一次公开的演讲中，他评价这些所谓的'文化作品'：'全部都是垃圾，不是励志，而是励欲！'"

北京师范大学附属实验中学于晓冰老师在《热爱与厌恶之间隔着一条鸿沟》的文章中写道："这些年来，看到越来越多的孩子厌学，对上任何课程都不感兴趣，本来还是十几岁的孩子，却活成了七老八十的模样，无欲无求。了解一下这些孩子，他们常常有共同的特征，就是从小就被爸爸妈妈带着上各种各样的课外班，布置各种各样的额外作业，每天把时间填得满满的，小时候没有能力反抗，只好逆来顺受，一旦长大了一些，独立性增强了，不受控了，厌学情绪表现得就越来越激烈，随之而来的是父母的无力感也就越来越强。这真是个大失败，用尽所谓的教育手段却把孩子的学习兴趣抹杀了。当没有外力驱动，就一步都不想往前移动时，我们要那么高的分数还有什么用呢？"

人们渴望自己和孩子快些成长，通过读书、教育和培训使自己和孩子早一点成功，心情可以理解，但任何人的成长和成功都不能违背成长和成功的法则和规律。如果把家庭养育、学校教育和社会培训固化和简化为只是"术"和"器"的问题；如果把成长和成功只锁定在"争做塔尖上的人"这个单一目标上；如果把成长和成功的希望只押宝在套路、方法、技巧和人际关系上，甚至在成长和成功的过程中让我们的孩子们连规矩都不遵守，只懂得靠偷奸取巧、玩弄权术来实现，那就太可怕了，也太害人、害家庭、害社会、害国家了。

## 回归教育本质，重构教育生态

党的十八大以来，以习近平同志为核心的党中央已经高度认识到这些问题，正在花大决心和大力气纠正这方面的问题，使教育和培训逐步回归教育本质、重构教育生态。

教育部、中组部等六部门联合印发了《义务教育质量评价指南》，鲜明地树立了"立德树人"的教育导向，注重形成高质量发展的先进教育理念；着力构建合理的评估分类体系。《指南》明确提出："坚决克服唯分数、唯升学倾向，不给学校下达升学指标，不单纯以升学率评价学校、校长和教师，不办重点学校。"

不少学者、教育工作者以及学生家长，也纷纷在报纸和杂志上发表对教育的看法、意见和建议。93 岁的人民教育家于漪说："中国教育的本质是什么？是培养有中国心的时代新人。也就是说培养有仁爱之心、悲悯之心、为人民造福的人。而不是培养自私自利、见钱眼开的精英。"江苏省锡山高级中学校长唐江澎在 2021 年"两会"上回答记者提问时说："教育只关注升学率，国家就没有核心竞争力；分数不是教育的全部内容，更不是教育的根本目标。好的教育应该是培养终身运动者、责任担当者、问题解决者和优雅生活者，让孩子以健全和优秀的人格赢得未来幸福，造福国家社会。"

具有不同发展背景与思想来源的中、西式成长学与成功学，虽然在诸多方面表现出较多差异，也许正是这些差异能为二者的交汇与融合创造互补性基础。我们应该相信，今后随着中西文化更多的交流、碰撞、贯通和融合，随着世界各国人们对这方面的经验和教训的认真总结，人们对成长和成功的研究和探讨必将守正创新，取得更多的突破，结出更有利于成长与成功的新成果。

## 西方人对成长与成功的探讨

西方人对成长和成功这一课题的研究和探讨，源头是西方神话故事和《圣经》。其理论倾向于"进化论"。西方神话故事中讲，人是上帝所造。上帝创造了亚当，把对万物的统治权交给了亚当，并创造出"人为万物之灵"论。在这种宗教文化的影响下，人与人、人与自然的关系便成了征服与被征服、改造与被改造、利用与被利用的进化关系、竞争关系、博弈关系。尤其是达尔文的《物种起源》问世之后，西方人更加认为，人和万物的生成是自然界优胜劣汰、适者生存的进化所致，竞争所致。

"征服他人，征服自然；改造他人，改造自然；利用他人，利用自然"，始终是西方人对人生探讨的出发点和终结点。西方人对成长和成功探讨的着力点是：人如何提升自己对别人、对自然万物的占有、改造和利用的能力。所以，他们的发展理念是优胜劣汰，弱肉强食，适者生存，赢者通吃。尤其是到了近现代，西方人更加信奉资本原教旨主义，他们不仅认为"知识能改变人的命运"，而且更相信"资本能决定人的命运"。所以，他们特别愿意"精技进乎器"，将科学技术转化为工具和利器，用来争霸世界，获取更多的资源和资本。

西方人对成长和成功的认定是：出类拔萃，独占鳌头，能获取更多的金钱、名利和地位。实现成功的方法是：掌握知识，赚取资本，运用各种方法和手段征服他人，征服自然。

实用主义和零和博弈在西方人的思维模式中占有很重要的位置。受这种思维模式的影响，也使得西方文化逐步演变成了实用文化、利己文化、殖民文化、竞争文化、扩张文化和资本文化。

史蒂芬·柯维在《高效能人士的七个习惯》一书的前言里说："我们的文化告诉我们，如果从生活中有所收获，必须'独占鳌头'。也就是说'生命是场游戏，是次比赛，是种竞争，所以，你必须赢。'同学、同事甚至家人都被当作竞争对手——你周围的人得到的越多，留给你的就越少。"

黛博拉·本顿在《狮子不必咆哮——为人处事的顶尖智慧》一书中写道："从本书中，你将学会如何把握自己的行为，从而把握你的影响力，进而主宰自己的事业，使你拥有更大的权力，更广的影响，同时赚取更多的金钱。"

就连曾被西方人热捧的《卡耐基：成功之路丛书》也主要讲的是做人的技巧和方法。方明在《卡耐基：成功之路丛书》的荐言中说："《人性的弱点》由'做人处事的基本技巧'和'怎样使别人喜欢你'两个重要章节组成。"

正因为西方人的思维模式里加进了过多实用主义和零和博弈思维，西方文化里加进了过多的个人、资本、科学、技术、机器等概念，也使得西方现代成功学越来越向利己化、功利化、资本化、权贵化演变。正是受这种成功学的影响，才使得西方人想要的东西越来越多，越来越迫切。这种欲望的无限放大和需求的急剧增加，极大地推动了科学的进步、技术的发展和商业的发达。这种欲望的无限放大和需求的急剧增加，也使得西方的各种教育越来越扮演着社会分层和社会撕裂的角色，使西方教育越来越忘记了教育的宗旨，使越来越多的学生失去了做人的责任感和使命感。

哈佛大学教授哈瑞·刘易斯在《失去灵魂的卓越：哈佛是如何忘记教育宗旨》一书中说："如今这所大学的办学思想中已经找不到社会责任感的存在，而古老的通识教育理想也已经有名无实，哈佛教育不再致力于解放人的思想和精神，而是重视市场名利。它所培养的学生，尽管成绩优异，毕业后也可成为商界、政界名流，但却找不到责任感、价值观的灵魂。"

正是受这种教育的影响，当今西方社会实用主义盛行，贫富悬殊过大，导致越来越多的人患上了心理疾病，他们恐惧将来，恐惧失业，恐惧无力养家，尤其是青少年的心理健康成为难题。这些问题的出现，不仅严重影响了人的成长和成功，而且也影响了人的生活，妨碍了社会的稳定。

## 火了一百多年的"智力测验"

自文艺复兴运动和西方实现工业化和商业化之后，西方人更在意的是对科技、资本、利器的掌握、运用和创新。西方人将生命过度金钱化和利己化，将生活过度工具化和物质化，将人的成长和成功过度产业化、商业化。他们认为，快乐和幸福主要来源于自己对外在物质赚取的多与少，对权力获取的大与小。所以，他们更注重如何快速提升自己的技能和才华，如何扩大自己的人脉关系，如何快速提升自己驾驭别人和赚更多钱的能力。

随着西方科学技术的快速发展，西方人对人的智力和能力的提升更加重视，1914年，德国心理学家施特恩提出了"智力"这一概念。随后，美国人又创新出"智力测验"，而且大力推行凭"智力测验"决定对一个人的使用和提拔。这种"智力测验"在第一次世界大战期间，只有200万人参加。发展到20世纪以后，各种各样的智力测验表相继问世，使"智力测验"迅速渗透到各行各业、各种年龄段当中。当时在西方各国，几乎没有人能够逃脱这种测验。

这种测验并不可怕，可怕的是几乎在很长一段时间，仅凭智力测验的分数来决定一个人的上学、就业和升职。当智力测验红红火火走过百年之后，西方人才开始怀疑它的作用。为此，美国心理学家做过一项有趣的研究。1981年，他们挑选了伊利诺伊州某中学81位毕业演说代表作为研究对象，这些人的平均智商在全校是最高的。10年之后，他们发现，这些学生在大学期间学习成绩都很优秀，但参加工作之后，只有1/4的人在本行业达到同龄段的高层，而其他人的表现远远不如那些学习一般的同辈。

波士顿大学教授凯伦·阿诺参与了此项研究，他针对这一调查结果指出："面对一位毕业致辞代表，你唯一知道的就是他考试成绩不错，而对一个高智商者，你所知道的也就是他在回答某些心理学家所编制的智力测验时成绩不错，但我们无法准确地预测他们未来的成就。"

各种研究表明，智力测验分数高的人和演讲得高分的人不一定都是未来的成功者。这样的结果与那些"智力测验"的设计者们开了一个大玩笑。

亨斯坦·穆瑞在《钟形曲线》一书中坦言："假设一个人参加智商测验，数学一项仅得 50 分，也许他不宜立志当数学家。但如果他的梦想是自己创业，当参议员，或者是赚上 100 万，并非没有实现的可能。影响人生成败的因素很多，相比之下，区区的智力测验何足道哉。"

## 风靡世界的卡耐基成功学

经过一百多年的研究和探讨，西方人才发现，"智力测验"虽然能预测孩子们的学业成绩，但它并不能预测孩子们的未来。那么，决定孩子们的未来到底是什么呢？

对此，西方人做了大量的研究和探讨。他们发现，一个人的成长和成功只有 15% 是靠专业知识，而 85% 则靠人际关系。于是，人们又纷纷在提升人际关系上下功夫、搞培训。在这方面的代表人物就是美国的著名人际关系大师和成功学大师戴尔·卡耐基。

戴尔·卡耐基运用大量普通人不断努力取得成功的故事，通过演讲和出书唤起无数陷入迷惘者的斗志，激励他们取得成功。他在 1912 年创立卡耐基训练班，以教导和培训人们提升人际沟通能力和传授处理压力的技巧。其在 1936 年出版的著作《人性的弱点》，始终被西方世界视为成长与成功的圣经之一。

戴尔·卡耐基的教学构想和培训模式，开创了成人教育的先河，经久不衰。他的教学方式和原则被 21 世纪绝大部分成功培训机构所效仿。事实证明，卡耐基的教学模式和培训方式，是目前世界上改变一个人思维方式和思维习惯卓有成效的方法之一。他以超人的智慧、严谨的思维，在人际交往上指导万千读者，给人安慰，给人鼓舞，使人从中汲取力量，从而改变生活，开创崭新的人生。

戴尔·卡耐基的成功学，不仅影响着美国人，而且也影响了世界。当经济不景气、不平等、战争等恶魔磨灭人类追求美好生活的心灵时，卡耐基的成功学，就成了人们走出迷茫和困顿的很有力的支撑。即使今天，卡耐基对人性的洞见，提出的交际方式和方法，仍然指导着千百万人改变思想，完善行为，走上成功之路。

戴尔·卡耐基成功学的科学性、实用性和指导性，以及对社会各类人群和各个时代的适应性，是卡耐基成功学的重要特点。但人的成长与成功是由人的内外因多重因素促成和造就。它的整个过程既有科学性，也有艺术性，还有奥秘性。用中国人的话讲，那就是"谋事在人，成事在天"。任何人的成长和成功，既离不开个人的天赋、勤奋、努力，做事时的方式、方法和艺术，也离不开天时、地利、人和以及必然和偶然的所见所遇等众多不可预见的外部因素。所以，人的成长和成功绝不是靠一本或者两本成长学和成功学能解决问题。更不可能单靠某一种"术"和"器"或者是靠某种培训班就能解决复杂的人生问题。

### 一个吸引全球眼球的概念：情商

戴尔·卡耐基成功学红火了很长时间之后，西方又有人发现，与交往能力差、性格孤僻的高智商者相比，那些能够敏锐了解他人情绪、善于控制自己情绪的人，更有利于成长和成功。他们把这种能力称之为情商。

情商这一概念，由两位美国心理学家约翰·梅耶和彼得·萨洛维于1990年首先提出，但在当时并没有引起全球范围内的关注。直至1995年，由时任《纽约时报》的记者丹尼尔·戈尔曼出版了《情商：为什么情商比智商更重要》一书，才引起全球性的 EQ 研究与讨论，因此，丹尼尔·戈尔曼被誉为情商之父。

该书出版后，迅速成为世界性的畅销书。一时间，情商这一概念也在全世界得到广泛的宣传和运用，这类培训机构在美国更是火爆。该书于1997年在我国出版，从而引发全国大讨论，使情商这一概念成为耳熟能详的一个名词。

情商为成长和成功又开辟了一条新的途径。它使人们摆脱了过去只讲智力、智商所造成的无可奈何的宿命论态度，但遗憾的是，这些研究成果一经资本利益集团盯上，它就逃脱不了被包装、被炒作、被利用、被异化的厄运。

## 人文的丢失与温情的丧失

当人类进入 20 世纪之后，随着科学技术的快速发展，尤其是科学技术与资本利益联姻得更加紧密之后，不少行业严重违背了自己的初衷，使他们的工作不仅丢失了人文关怀，也严重丧失了人间温情，更使得许多人变成了不是机器人的"机器人"。

被尊称为"现代科学之父"的乔治·萨顿，早在 20 世纪 40

年代，就注意到科学的发展带来的可能是人情味的丧失。他在《科学史导论》一书中指出：

"科学的进步，已经使大部分科学家越来越远地偏离了他们的天堂，而去研究更专门和更带有技术性的问题，研究的深度日益增加而其范围却日益缩小。从广泛的意义来说，相当多的科学家已经不再是科学家了，而成了技术专家和工程师，或者成了行政官员、操作工，以及精明能干、善于赚钱的人。"

乔治·萨顿在书里还警告人们："科学精神应该以其他不同的力量对自身给予辅助——以宗教和道德的力量来给予帮助。无论如何，科学不应该傲慢，不应该气势汹汹，因为和其他人间事物一样，科学本质上也是不完满的。"但遗憾的是，西方的科学家并没有重视乔治·萨顿的忠告和警告，他们正沿着"科学至上"的轨道疯跑，沿路扔掉的是越来越多的人文关怀和人间温情。

西方现代科学最得意的莫过于无限开放式的发展，因为认识层面的不断深入，可供研究的细节也越来越多，人们开始越来越在乎细节，"科学至上"和"细节决定成败"让越来越多的专家自负地认为，只要找见了技术原因和技术细节，就能解决人类所有的问题。在研究过程中，有些科学家为了出名，为了赚钱，竟然忘记了科学技术是用来为人类谋幸福的。

随着医学的快速发展，医生们变得更加热衷于追寻疾病背后的生物原因、技术原因。伴随着越来越多的检查单，医生与病人之间的距离越拉越远，在医生眼里，病人早已不再是人，而是一台出了问题的设备。尽管有的医生医术高明，但也只看到病人身上所患的疾病，而完全漠视或者无暇顾及这些疾病是发生在有灵魂懂疼痛的人身上。

在《展望21世纪》一书中，英国历史学家汤因比博士与日本宗教文化活动家池田大作有过这样一段对话：

"科学对一切事物客观地审视，摒弃感情，用理性的'手术刀'解剖。因此，用科学的眼光看自然界，自然就成了与自己割裂的客观存在。同样，当科学之光照在人的生命上时，人的生命就成了与医生割断精神交流的客体。医生在本质上需要理性指导的冷静透彻的科学思维方法，但同时，不，更重要的是需要温暖的人情。"

对科学技术无引领、无约束、盲目疯狂地发展和胡乱运用，不仅导致人文关怀的丢失和人间温情的丧失，而且国家之间的发展愈加不平衡，自然生态被严重地破坏，人类生存的家园越来越千疮百孔、疾病缠身：从空气污染到水源枯竭，从土壤板结到森林砍伐，各种物种加速灭绝，天灾人祸源源不断。

尽管不少科学家、思想家早就注意到这些问题的严重性，但他们始终拿不出彻底解决的方案和办法。早在两千年前，孔子告诫人们，要"志于道，据于德，依于仁，游于艺"。老子更是告诫人们，无论做什么事都要"道法自然""惟道是从"，尤其是官员更要"以百姓心为心""抱一为天下式"。"一"是什么？"一"就是道，就是全局、系统、战略、长远，综合考虑，为老百姓谋幸福。

## 资本利益化对成长与成功的异化

近代以来，西方人在对成长与成功方面的研究取得了不少的成果。但遗憾的是，这些研究成果很快就被资本集团利用了。他们把研究成果进行市场化包装和产业化炒作，使原本科学技术的东西被异化成了商人们捞钱的工具和技巧，这样也就异化了研究成果的本质，扭曲了办教育和培训的初衷。也正是受这些利益集团的操控，也使得西方人对成长和成功的研究越来越市场化、产业化和资本化。尤其是美国，在这方面更为严重。

在此当中，尽管也出现了英国爱德华·德·波诺博士著的《六顶思考帽》、英国理查德·怀斯曼著的《正能量》、美国史蒂芬·柯维著的《高效能人士的七个习惯》、美国彼得·圣吉著的《第五项修炼》、美国乔舒亚·库伯·雷默著的《第七感，权力财富和这个时代的生存法则》、托马斯·费里德曼著的《谢谢你的迟到——》等书，他们对成长与成功的研究汲取了好多东方智慧，给出了许多好的思路和方法。但遗憾的是，他们的这些思想和理念也未能从根本上改变西方人的实用主义理念和零和博弈的思维模式，更摆脱不了对这方面的研究与探讨最终会走向利益化、市场化、产业化的老路。

针对美国人近现代对人的成长和成功的研究，史蒂芬·科维在《高效能人士的七个习惯》一书中写道：

"我潜心研究了1776年以来美国所有讨论成功因素的文献。我阅读或浏览过这方面的论著不下数百，论题遍及自我完善、大众心理学以及自我帮助等等。对于爱好自由民主的美国人民所公认的赢得成功的种种关键因素，已算得上了如指掌。从这 200 种著作中，我注意到一个令人诧异的趋势。根据我自己和我周围的人曾经历过的痛苦和经验，过去 50 年来讨论成功术的著作都很肤浅，谈的都是如何树立社会形象的技巧和如何成功的捷径。但这种用'阿司匹林'和'创可贴'来治疗心灵痛苦的方法，往往是头痛医头，脚痛医脚，治标而不治本。有时似乎取得了暂时的效果，但是深层次的问题没有解决，不时又会重新浮现。与此形成鲜明对比的是，前 150 年的论著强调'人格魅力'为成功之本——如诚信、谦虚、忠诚、节欲、勇气、公正、耐心、勤勉、朴素、诚实和一些称得上是金科玉律的品德。"

美国耶鲁大学教授安东尼·克龙曼针对美国教育出现的问题，写了《教育的终结——大学何以放弃了对人生意义的追求》一书。在这本书中，他通过考察人文学科的衰微、学术研究理想的转变、大学的转型等重大主题，探讨了美国大学放弃追寻人生意义的深层原因。作者主张，大学不仅要传播知识，更应该是探讨人的生命意义的场所。大学不应该让"共同利益"和社会美德让位于个人主义和个体价值，使学生的主要学习目标变成追求"拔尖"，成为"精英"。所以，他强烈呼吁复兴大学中失去的人文学科传统，通过精细而批判性地阅读文学和哲学巨著来追寻人生的意义。

针对西方在研究和探讨成长与成功方面出现的问题，日本的稻盛和夫与梅原猛在合著的《拯救人类的哲学》一书中说道："建筑在人的欲望、也就是人的本能和利己之心基础之上的近代西方文明，在不太久远的将来，恐怕也难逃自我崩溃的命运。除非从现在开始，遵照东方人的智慧，从仁爱、慈悲、同情以及利他之心出发，坚守自然法则，遵循自然规律，节制自身的欲望，与地球这个生态环境中存在的一切生命共存、共生、共成，回归朴实的、有节制的生存方式，这样人类才能避免滑向自我灭亡的深渊。"

## ▶▶▶第二讲　中国式成长与成功的第一大要素
### ——深加工自己

**"知人"是深加工自己的首选**

　　任何人的成长与成功，都离不开对自己的深加工和精加工。人只有通过对自己深加工和精加工，才能挖掘出自己的潜质和潜能，彰显出自己特殊的才能和生命价值，使自己成为人生中最优秀的自己。而"知人"又是深加工和精加工自己的首选。

　　老子说："知人者智。"何谓"知人"？为什么"知人者"能成为智者和高人？所谓"知人"，就是搞明白"人"到底是什么。通过深加工自己，使自己能成为一个"知人者"，是一个人在成长与成功的过程中，能走正、走稳、走好、走远的前提和基石。

　　关于什么是"人"，《礼记·礼运》中说："人者，天地之心。"《荀子·王制》有载："水火有气而无生，草木有生而无知，禽兽有知而无义，人有气、有生、有知，亦且有义，故最为天下贵也。力不若牛，走不若马，而牛马为用，何也？曰：人能群，彼不能群也。"《说文解字》中说："人，天地之性最贵者也。"《中庸·第二十章》中说："仁者，人也；亲亲为大。"何心隐教授在《原人》中说："不仁不人，不义不人，人亦禽兽也。"

其实，人是大自然叹为观止的造化所成，是造物主美轮美奂的杰作。从"人"的造字结构上也能看出"人"的本义。"人"字由一撇一捺组成，从象形上我们就可以看出，人是一种懂得相互扶持、包容的特殊动物和合作群体。

人是由自己和他人共同组成的群体。自己与自己的另一半结合，就能使自己的生命和血脉得以延续，使人类得到生生不息；自己与更多的人合作，就能使"人"做成更多、更难、更大、更神奇的事。

透过这些话和中国"人"的造字结构我们可以看出，中国人很早就认识到：人处于天地万物之中心，人是脚踏大地，头顶蓝天，有欲望、有需求、有情义、有知识，懂互爱、懂扶持、懂包容、懂合作，具有高度智慧、复杂生命，能将物质变精神、精神变物质的特殊动物和合作群体。

关于什么是"人"，西方人的说法更多。亚里士多德认为，"人是理性的动物"；黑格尔认为，"人是有思想的动物"；叔本华认为，"人是形而上学的动物"；海德格尔认为，"人是会说话的生命"；弗洛伊德说："人一半是天使，一半是魔鬼。"

中国人很早就认识到：人人都有欲望和需求，而且时不时还想放大这些欲望和需求。人为了满足自己的欲望和需求就必须不停地奋斗、拼搏和竞争，这是人的动物性能。然而，人为了平安、健康、长寿和长远利益，又必须对自己的欲望和需求加以适当的控制、合理的平衡，这是人的神圣性能，也只有人才具有这样特殊的性能。

人的动物性能决定了人在追逐物欲时的无所顾忌，由此也带来了与动物一样的生命和生存后果；人的神圣性能引领人超越动物性能的低级追求，有了长远利益的思考和属于精神范畴的追求，由此也享受到了不同于其他动物的快乐与幸福。

正因为人身上同时存在着这两种矛盾而又统一的特殊性能，这也就决定了人既有动物的一面，也有神圣的一面，人也就成为"能思维，能制造工具进行劳动，能进行语言交流的高等动物"。这也更加说明深加工自己的必要性和重要性。

## "成人"是深加工自己的首要

西方文化始终注重的是：人首先要成为智者、强者；中国文化始终注重的是：人首先要成为人，成为一个普通人、正常人，最好成为仁者，成为君子。孔子说："仁者，人也。"这就是说，人首先要成为一个有人性、懂关爱、会生活的平常人，而不是成长为"废人"，更不是成长为孔子在《论语·述而》里"不语"的那种"怪、力、乱、神"。当然，能使自己成长为仁者、智者，成为君子，而不是小人、奸人和佞人那更好。读《黄帝内经》时，你会常常遇到"平人"这个词，"平人"在这里是一个褒义词，是指人的成长只有达到阴阳平衡，才可以称作正常人、健康人。

遗憾的是，现在越来越多的家长忘记了老祖宗的这些理念和教诲，在养育孩子时，过多地植入了西方的价值观和自己未完成的梦想。他们从孩子上幼儿园开始，就想把孩子培养成"塔尖上的精英"，他们忽略了"塔尖上的精英"毕竟少之又少。

天生万物，各有其性。人与物也一样，每个人都有各自的秉性和本能。正因为此，每个孩子的成长与成功都有各自的跑道和平台。他们之间没有任何可比性和攀比性。所有人的成长和成功都是一个自己、自然、自觉的成长过程、奋斗过程。这里面既饱含着科学性和必然性，也充满了艺术性和自然性，还隐藏着诸多的奥秘性和偶然性。

我们家长要做的事情只能是陪伴孩子，引领孩子，温暖孩子，为他们自然、自觉、健康、智慧、正常地成长，系好人生的第一道扣，打好人生的底色、底气、底力、底能和底线，至于他们成人后如何成才与成功，那是他们自己和学校乃至社会的事了。

尽管每个人身上同时都存有动物性能和神圣性能，但由于每个人的基因遗传和家庭出身不同，这样就造成他们这两种性能各自存有的比例都不一样。有的人天生动物性能就大于神圣性能；有的人天生神圣性能就大于动物性能，再加上后天教养、学养、修养和修为的不同，这样就决定了每一个人三观的不同，爱好的不同，思想的不同，层次的不同，气质的不同，情怀的不同，性情的不同，特长的不同等等。

## 老子与西方神谕的巧合

早在 2000 年以前，老子在《道德经》里就说："知人者智，自知者明。"据说也是在同一时期，在希腊德尔斐神庙阿波罗神殿门前有这样一句石刻铭文："认识你自己。"西方人把这句话看作是神谕。

日前偶见一文，说的是狮子与猴子经过商量互换了角色。互换后没多久，猴子就跪着向狮子哀求，让自己还是返回原来的角色吧，狮子也马上答应了猴子的请求，两个动物又重新换回自己的角色。其故事蕴含的哲理是：无论是动物还是人，都要有自知之明，找到自己的适合，然后做到"随适而安"。

所谓人贵有自知之明，就是说人在深加工自己的过程中，首先要主动了解自己与别人的同和不同，要对自己能有一个正确的评估。人只有搞明白这些才能找准自己的定位，这样才有利于自己的成长、成人、成才和成器。

既然"知己"如此重要，那么，人如何才能深层次地认识自己呢？综合古今中外哲人们的研究和我个人以及周边亲朋好友的经历和体会，我以为，主要应该做到以下几点：

一是要认识自己的基因遗传与别人有哪些不同。在这方面主要包括自己的体质遗传、人性遗传、人文遗传、疾病遗传等。在基因遗传上，还有一个遗传谁的基因多的问题，是遗传父亲家族的基因多，还是遗传母亲家族的基因多。在这方面，了解得越多越详细越有利于认识自己。

二是要认识自己的特质、特性和特长，尤其是认识自己的个性，也就是自己的性格、性情与别人有哪些不同。黎明先生说："认识自己，最深刻的莫过于认识自己的个性。自知者莫过于知

己之个性，自胜者莫过于克服自己个性的弱点，抑制自己个性中潜在的恶念。"（黎明著《人性与命运》）

三是要认识自己的心力和能力与别人有哪些不同，有哪些差异；看自己在做人和做事时的动力、活力、定力和毅力与别人有哪些差别；看自己在看问题和处理问题时与别人有哪些不同；看自己的眼界、心胸、格局、情怀、肚量、责任和担当与别人有哪些不同。

四是要认识自己在"文化"和"化文"上与别人有哪些不同。一个人的"文化"主要取决于他的素养、教养、学养、修养、涵养和在实践中的活化力、感悟力、转化力和升华力；一个人的"化文"主要取决于他的感悟力、反思力、批判力、想象力和创新力。

人的一生大多赢在自己的优点、特长、特质、兴趣和爱好上；大多输在自己的弱点、短板、缺陷和毛病上。人如果能早一些深层次地认识自己，就能使自己早一点走对路，早一点选对适合自己的角色，早一点步入健康成长和成才的轨道。

## 小实验深藏大道理

美国著名心理学家沃尔特·米歇尔教授于 20 世纪 60 年代在斯坦福大学必应幼儿园对学龄前儿童做了一个小实验：用困境挑战孩子们，给他们两个选项：每个孩子身旁都有一个小按铃，他们可以立即按下铃，唤回研究人员获得一颗棉花糖，也可以等 20 分钟之后研究人员回来奖励给他们两颗棉花糖。

实验的结果是，大部分孩子在不到 20 分钟就纷纷按下了自己眼前的按铃，获得了一颗棉花糖，只有少数几个孩子用各种办法控制自己的欲望和情绪，硬坚持到 20 分钟之后获得了两颗棉花糖。

沃尔特·米歇尔教授在这项实验之后，对这些孩子们进行了长期跟踪。2016 年恰好是这项实验 50 周年。他跟踪考察的结果是：那些在五六岁时就能控制自己对棉花糖诱惑的小孩子，他们工作后，都拥有良好的人际关系和更幸福的伴侣关系。在后来五十年的人生中都更加成功和幸福。而且这些孩子没有一个出现例如犯罪、肥胖、吸毒等不良问题。

前一段时间，我在一本杂志上看到，一个中学教导主任对她曾教过的学生几十年来的发展情况也做了一些暗访。暗访的结果是，从小能管住自己与管不住自己的人，他们参加工作后的人生境遇确实存在着很大的差异。

其中有两例很有代表性。第一例，有个学生上小学时，就能主动帮父母干家务活，学会了自己的事自己做。在班里，各种活动他都积极参加，老师交给的任务每次都完成得很好。后来大学毕业留在北京工作，处长经常把重要工作交给他去做。有一年，公司新成立一家很有发展前景的子公司，当时报名的人不少，其中有不少名牌大学的研究生。这位学生自认为自己的毕业学校和学历都不如他们，所以没敢报名。没想到他的处长主动找他谈话让他报名。后来通过笔试、面试，他最终被这家新公司录取。他被录取后这家新公司的领导找他谈话时，他才知道新领导正是他原来的处长。新领导和他说："为什么在众多的人才中选了你，而把一些学历比你高的人放弃了，是因为你是一个能管住自己、做人有担当、做事有条理的人。我始终认为，一个能管住自己的人无论干什么，都能把工作干好，干出色。"

第二例是，这位教导主任说："人们都说上中学谈恋爱会严重影响学习。事实上也确有不少学生因谈恋爱导致学习受到了较大影响。可在我教的学生里，有两个学生到了高中谈开了恋爱，但没想到的是，他俩不仅学习没受影响，反而有很大的提升。为什么会出现这种情况？对此我做了深入调查。通过调查发现，原来两人在谈恋爱时就共同定下一个高考志向：两人一起努力，争取在北京考上各自喜欢的大学。也正是这种对成功目标的共同追求和对爱情的坚定守护才激发出一种特殊的自我管理能力和学习热情，使两人的学习成绩直线上升。后来两人不仅都考上了自己满意的大学，而且大学毕业后又都在北京考上了硕博连读。毕业后，两个人又都在北京找到了自己喜爱的工作。"

这位老教导主任在文章中最后说："在我的暗访中，有个别学生在学校就管不住自己，他们到了社会后更管不住自己，常常给自己惹麻烦。有个特别爱玩游戏的学生，到了社会后迷上了赌博，欠下了巨额赌债，老婆离了，房子没了，生活境况特别不好。还有一个学生，在学校时脾气就很大，经常动手打人，受过学校好几次处分。到了社会后，就因为几句话就动手打人，而且把人给打残废了，自己也进了监狱。"

## 西方碑文与孔子的暗合

在伦敦闻名世界的威斯敏斯特大教堂地下室的碑林中，有一块名扬世界的墓碑。这块普通粗糙的墓碑，与周围那些质地上乘、做工优良的英国前国王墓碑以及牛顿、达尔文、狄更斯等名人的墓碑相比，显得微不足道，更不值得一提。但很多来威斯敏斯特大教堂拜谒的人，他们不仅为的是去拜谒那些世界名人们的墓碑，而且也是来看这块普通墓碑上写的一段碑文：

"当我年轻的时候，我的想象力从没有受到过限制，我梦想改变这个世界。当我成熟以后，我发现我不能改变这个世界，我将目光缩短了些，决定只改变我的国家。当我进入暮年后，我发现我不能改变我的国家，我的最后愿望仅仅是改变一下我的家庭。但是，这也不能。当我躺在床上，行将就木时，我突然意识到：如果一开始我仅仅去改变我自己，然后作为一个榜样，我可能改变我的家庭；在家人的帮助和鼓励下，我可能为国家做一些事情。然后谁知道呢？我甚至可能改变这个世界。"

许多世界政要和名人看到这块碑文时都感慨不已。有人说这是一篇人生的教义，有人说这是一种灵魂的自省。当年轻的曼德拉看到这篇碑文时，顿时有醍醐灌顶之感，声称自己从中找到了改变南非甚至整个世界的金钥匙。他回到南非后，先从改变自己、改变自己的家庭和亲朋好友开始，经历了几十年，他终于改变了自己的国家。

当我多次读过这篇碑文之后，不知为什么总会想起《大学·礼记》里的一段话："古之欲明明德于天下者，先治其国；欲治其国者，先齐其家；欲齐其家者，先修其身；欲修其身者，先正其心；欲正其心者，先诚其意；欲诚其意者，先致其知，致知在格物。物格而后知至，知至而后意诚，意诚而后心正，心正而后身修，身修而后家齐，家齐而后国治，国治而后天下平。"

这两段文字尽管表达的形式不同，但内容却相似。它们都强调和注重深加工自己。人只有不断地对自己深加工和精加工，才能更好地认识自己，管住自己，才能不断地改变自己、提升自己、超越自己，成为最优秀的自己，使自己的人生更有价值，更有意义。

很多时候，人们看到别人优秀的样子，却往往忽略了他们为了深加工自己，不知付出了多少自虐般的艰辛。一个勇于深加工自己的人，看上去大多是无趣的人。在别人出去玩耍的时候，他却一个人窝在图书馆看书；在别人享用着美食的时候，他却一个人在宿舍里吃方便面；在星期天，很多人慵懒地睡到中午，他一个人依旧雷打不动地早起、跑步、看书、工作……

这样的人，好像活得一点都不洒脱和自由。但越往后看，你就会发现，他才是一个懂得如何活得洒脱和自由的人。

如果一个人总是随心所欲，及时行乐，不知道努力奋斗，不停地放纵自己。那这个人当时看是洒脱的、自由的，但越往后就越活得不洒脱、不自由。而且十有八九就因过多地放纵自己，最终酿下了大祸，使自己失去了自由。

康德说过这样一句话："所谓自由，不是随心所欲，而是自我主宰。"一个越是能认识自己、管住自己、改变自己、提升自己、超越自己的人，才明白自己想要什么，明白自己几斤几两，明白自己适合做什么。人只有认识并做到了这几点，才不会把时间和精力白白浪费在任性和纵欲上。

一个人对自己的深加工，对自己的改变、提升和超越，一天两天看不出来，一个月两个月看不出来，甚至一年两年都看不出来，但是十年之后，你就会发现，那些通过不断深加工自己的人，简直就像变成了另外一个人。

## "适己"是深加工自己之关键

天地造人，每个人都有各自的天赋和天性；人生定位，每个人有各自的角色和使命。有的人天生就适合当老师，有的人天生就适合当医生，有的人天生就适合当演员，有的人天生就适合当警察，有的人天生就适合当推销员……

任何角色，任何位置，都是为最适合它的人准备着。人只有找到最适合自己的人生坐标和角色定位，并能在担当中历练，在尽责中成长，在磨难中奋进，在奋进中不断提升自己、超越自己，才能把自己的人生角色扮演好，把自己想要做的事做成，甚至会在奋进和拼搏中收获自己原先根本想都不敢想的成功。

中国有句谚语："没有一个人是废物，只要你找对了适合自己的。"你是一朵鲜花，只有放在自然间和插在花瓶里，人们才会欣赏你；你是一堆牛粪，只有把你放在沤粪池里，农民才会把你当成宝。鱼儿在水中，才会健康地成长；鸟儿在蓝天，才会自由地飞翔。也许正因为此，老子才说出了震耳欲聋的三个字："居善地"。"居"就是找见和找准，"善地"就是适合你自己的环境、氛围、角色和定位。

人生中，适合别人的不一定就适合你，只有适合你才可能把它做成、做好。所以，任何人都不要拿别人的好与不好去套自己。俗话说："鞋子合适不合适，只有自己的脚知道。"

人生中，任何人都会遇到各种各样的选择或者是抉择，越是到这个时候，人越要虚心、越要静心、越要往远看，看自己是否真的感兴趣，看自己是否真的需要，看自己是否真的适合。如果这些疑问经过反复考虑，几次的答案都一致，那就再不要犹豫徘徊了。

有时候，因为冲动，因为面子，因为怄气，而强迫自己去做一些事，可实践证明，做这些事时自己极不舒服，极不自在，那就说明你不适合做这些事，所以你就得赶快停下、放下。学会停下、放下和转身，也是一种智慧的选择。

在工作和生活中，不仅不要着急，急切地想要一个结果，而且，也千万不要随大流，赶时髦，哪怕费些时间，费些周折，也要找到适合自己的人生轨道、人生角色和人生定位。这样做，不仅能赢得成功，而且还能给自己带来真正的快乐和幸福，使自己走得更好、更远。

江南大学教授姚淦铭在《老子与百姓生活》一书中说过这样一段话："你一生走哪条路去取得成功？首先你得找到路，找准路。这是不容易的，但是努力之后是可以找到一条适合自己的成功之路的。你要成功，就要有一个极其艰苦的寻找成功道路的过程。"

美国康内尔大学心理学教授大卫·邓宁发现，缺乏知识和思考的人无法认知自己的短板。这被称为"达克效应"。"达克效应"告诉人们：对自己的无知这件事本身的无知，会给自己带来灾难性的后果。

我曾听一个朋友说，他家有个亲戚，大学毕业，仗着他父亲是个煤老板，有钱，心浮气躁，不知道想干啥，最后是干啥，啥不成，折腾了十几年，赔了近千万，才消停下来，最后开了家超市才算稳定下来。

我还听一个朋友说，他们单位有个副职在分管具体业务时干得很出色，但当上了一把手后却干得一团糟。朋友问我为什么会是这样？我说："这其中的原因很多，但根本原因是：当副手考验他的主要是在专业知识上的操作技能和驾驭某一方面的能力，而当一把手考验的是他的胆识和容量，尤其是他的引领能力、协调能力、综合能力。正副职之间看似毫厘之差，实际上大不一样。"

我在省保险公司任职时，下面支公司的一个经理找见我说："市公司准备提拔两个副职，我也想争取一下，你给我帮帮忙。"我知道他在支公司干得很好，争取一个市公司的副职也能理解。但我知道该市这次干部选拔竞争比较激烈。所以我帮他分析过形势之后，我建议他不要加入这次竞争行列了。我告诉他，最近保监局已下发文件，可以成立私人保险代理公司。你不如当第一个吃螃蟹的人，自己成立一家代理公司，自己当老板更适合你的能力。这个支公司经理悟性很高，回去就成立了一个保险代理公司。二十几年下来，一直干得很出色。他用换道发展超越了竞争发展。

### 如何突破深加工自己的瓶颈？

在深加工自己的过程中，任何人都会遇到瓶颈期和逼仄处，如何突破瓶颈期、从逼仄处爬上来？孔子给出的答案是："修己以安百姓"；老子给出的答案是："以百姓心为心"；冯友兰先生给出的答案是：提升人生境界。

这些方案都是采用最笨的办法以提升自己的格局和升华自己的精神境界实现自我超越。将小我升华为大我，将自己的人生境界由"自然境界，功利境界"，升华为"道德境界，天地境界"（冯友兰先生语）。

其实，每个人身上都存有四种性格，这四种性格分别是：动物性性格；功利性性格；道德性性格；神圣性性格。这四种性格在每个人身上存在的先天比例都不一样，后天升级的程度上也不一样。正因为此，才导致了人与人的志趣、爱好、情感、特长、理念、眼界、格局、智慧、情怀和人生境界的大不一样。

人因为具有动物性性格，所以，人有时也像动物一样野蛮、愚昧、爱冲动、好争斗；人因为具有功利性性格，所以，人爱钱、爱面子、爱张扬、爱虚荣；人因为具有道德性性格，所以，人比动物文明、宽容、懂礼让、知进退；人因为具有神圣性性格，所以，人能超越自我，不考虑个人得失，自觉地维护集体的荣誉和利益，并能挖掘出自我潜质，创造出许多想象不到的人间奇迹。

为什么有些人在工作和生活中能主动吃苦受累？原因是他们在努力奋斗中能将自己动物性性格提升为功利性性格；为什么有

些人在工作和生活中能管理好自己，能主动担当自己的使命？原因是他们在努力奋斗中能将自己的功利性性格提升为道德性性格。为什么有些人能为集体荣誉和利益牺牲自己的一切，成为国家栋梁之材？原因是，他们在努力奋斗中能将自己的道德性性格升华为神圣性性格。能把他们的人生境界由自然境界、功利境界升华为道德境界、天地境界。

人在深加工自己的过程中，能通过不断地"知人""知己""修己"，以提升他们的能力、眼界和胸怀，升华自己的格局、境界和情怀，这正是中国式成长与成功最注重的着力点。

## 自我掌控与顺其自然

中国古代哲人认为，人自身始终暗藏着阴阳两种矛盾而又统一的内在能量和变量。而且正是这两种不同的内在能量和变量，决定着人与人成长与成功的不同。从这一点讲，人生在世，唯有掌控自己，才能在精神上站立起来。

与之同时，人在成长与成功的过程中，也会遭遇到各种看不见、想不到的外在能量和变量的帮扶、干扰和影响。正是这种内在能量和变量与外部能量和变量的碰撞和冲突、对接和契合，共同决定着人的命运。这些碰撞和冲突、对接和契合，既有规律可循，但也有诸多不确定性因素让人无法掌控，只能顺应和顺变。

可以这样说，人的一生始终充满着希望，也经常感觉到失望，有很多时候还感到渺茫。正因为此，人生可以立志向，但不能掌控。人首先要有理想，要努力奋斗，要多付出，在"因"上多努力，做到了这些，才能给自己带来无数个可能；但人的一生，既靠自己争取，也靠运气获得。所以，人生也要学会在"果"上随缘，这样才能活得不纠结，不钻牛角尖，快乐自在。

在"因"上努力，在"果"上随缘，是中国人处理诸多人生难题时最高明的智慧，也是人生获得快乐幸福最有用的秘诀。

中国古人之所以说"谋事在人，成事在天"，其根本原因就在于：人生既能自己掌控，但很多时候也不由自己掌控。这既是人生的科学性和必然性所至，也是人生的艺术性和奥秘性所至。也正因为如此，才导致了成长与成功的可控性与不可控性，也决定了人的命运的多样性与不可攀比性。

## 个人角色与社会分工

中国传统文化认为："天地造人，有一人当有一人之业；人生在世，有一日当尽一日之责。"社会是最大的家庭，个人是最小的成员。社会需要个人来塑造，个人需要社会来成就。社会与个人既是矛盾的，也是统一的，两者之间互根互生，相辅相成。

离开了社会，也就成就不了个人；相反，离开了个人，也就没有了社会。没有个人角色的尽职，也就体现不出社会的分工；没有社会的分工，也就彰显不出个人角色。所以，中国传统文化特别强调社会分工的公平性和合理性，同时也格外重视个人角色的适己性和尽责性。一旦"分工"不合理，"角色"不尽责，社会就不会稳定有序，个人就无法安身立命。

个人角色是人的一种身份的象征，它能增加人的安全感和荣誉感；社会分工是国家有序发展的前提，它能最大程度地保障众人的生存，发挥众人的积极性，调动众人的主动性，使更多的人尽职尽责，扮演好自己的角色，为国家、为社会做出自己的贡献，在成就国家和社会的同时，也成就了个人的理想，体现出个人的价值。

中国式成长与成功之道是：各安其适，各得其安，各尽其责，共同成就。中国人从不赞美人与人之间的博弈和攀比，只引领人"知人、知己、修己"，通过"知人"知道什么是人，自己要成为什么样的人；通过"知己"逐步认识自己，管住自己，找见自己的适合，找准自己的定位；通过"修己"，逐渐改变自己，提升自己、超越自己，使小我变为大我，在生活中自觉地扮演好自己的各种角色，和周围人一起与天地万物共生共长。

## 自高者近高，自贵者近贵

古人云："近朱者赤，近墨者黑。"这句话是讲身边人对自己成长与发展的重要性。我以为，在此话的后面还应该再加上一句："自高者近高，自贵者近贵，自小者近小"，这样就比较全面了。这就是说，我们既要重视自己与什么人相处，更要重视个人的修炼和修养，首先把自己修炼成高人和贵人，而不要把自己变成小人。

人都希望在自己的成长与成功中多交高人，多遇贵人，远离小人，岂不知你交什么样的人，处什么样的人，你能否远离小人，首先取决于你自己是一个什么样的人。

历史的经验和教训告诉我们：在你的人生中，你经常交的是高人、贵人，还是小人，这一切的一切，都取决于你自己想成为什么样的人，你在生活中又是怎样的人。

高人身边小人就比较少，为什么？因为高人能及早地看清小人，不给小人可乘之机。有时，小人想贴近他，他就很有分寸地与小人相处，尽量不发生利益瓜葛；有时，小人会蓄意进攻，造谣生事，但高人总是不理不睬，时间一长，谣言自消。贵人身边自然贵人就多，因为你总是帮助别人，成全别人，所以，受过你帮助的人，大多都不会忘记你，他们会自觉地向你靠拢，向你伸出援助之手。

所以，你想在自己的人生中多交高人、多遇贵人、远离小人，那你就先从"知人"做起，在"知己"上多用些心，在"修己"上多下些功夫，首先把自己修炼修养成高人、贵人，不要让自己成了小人。这样，在你成长与成功的过程中，你就会自然而然地结交更多的高人，遇上更多的贵人，离小人就会越来越远。

## ▶▶ 第三讲 中国式成长与成功的第二大要素
### ——精耕中国"术"

**越来越受到人们重视的中国"术"**

近些年，你只要走进书店，扑面而来的不是讲这个"术"、那个"术"的图书，就是介绍各种各样"术"的培训教材和资料；你无论是在街上走，还是在商场购物，不经意间就有人往你手里塞各种才艺培训班的小广告。可以这样说，"术"在五千年的中华文明发展史上从来没有像今天这样受到人们的青睐和热捧。许多家庭上到老人，下到小孩，为了学习"术"、掌握"术"和运用于"术"付出了太多的金钱和过多的精力。"术"在当代中国人眼里，简直成了万般神通。

许多小孩的妈妈为了让孩子上更好的才艺培训班，简直就像陀螺似的成天牵着孩子，从这个班又转到那个班，转来转去，疲惫不堪，但依然停不下来。还有的家庭省吃俭用，供孩子去国外读书学习。你问他为什么这样做？他们的回答几乎如出一辙："不能让孩子输在起跑线上。"

真是可怜天下父母心。事实果真如此吗？这些可怜的父母，他们生活在复杂多变的时代、碎片化阅读的年代、多元化价值观的时代，再加上对孩子的溺爱和期盼，他们早已失去了正确的判断能力和抉择能力。

这些家长，他们忽略了自己的孩子从生下来的那一天起，就与别人的孩子已经不在一条起跑线上了。她们忘记了每一个孩子的基因遗传和家庭出身有着很大的差异，他们更忘记了每个孩子进入社会之后，他们的所见、所遇与自己的判断和选择都有着很多的不同。正是这诸多的不同，又影响和决定了他们成长和成功的路径不同，方式和方法的不同，最终由于这些诸多的不同决定了他们人生的不同和命运的不同。

尽管如此，历史的长河还是淹没不住当代人爱"术"、重"术"的潮流。人们早已被眼前的各种"术"搞得眼花缭乱，心潮澎湃，纷纷被卷入到重"术"、学"术"、用"术"的大潮之中。

其中许多人并不知道他们的被卷入，究竟对自己或者是对孩子的成长和成功有多大的好处；他们也不知道这样做，给孩子今后的成长和成功会带来多少并发症和后遗症；他们更不知道西方的"术"与中国的"术"在源头、发展路径、运用和创新上都有很大的不同。

**何为中国"术"？**

中国式成长与成功的第二大要素是：热爱中国"术"，精通中国"术"，善用中国"术"。

对于什么是中国"术"，《现代汉语词典》给出的答案是："技艺、技术、学术、方法、策略。"网上的答案是："本义：方法、谋略之路数。如：战术、权术、心术。衍义：引申指'技艺'的套路。如：技术、艺术、武术、学术。"

到底何谓中国"术"？要搞清这一点，我们不妨先看看中国古代文人对"术"不同的运用：

"蛾子时而术之"（《礼记·学记》）；"昔者暴王作之，穷人术之"（《墨子·非命下》）；"体恭敬而心忠信，术礼义而情爱人"（《荀子·修身》）。"术"在这里是当学习、专攻的意思来运用。

"术，道也"（《广雅》）；"园圃术路"（《汉书·刑法志》）。"术"在这里是当街道、小路的意思来运用。

"臣有百胜之术"（《战国策·魏策》）；"有何术可导我耶？"（唐·李朝威《柳毅传》）；"人主之大物，非法则术也"（《韩非子·难三》）。"术"在这里是当方法、策略、手段、谋略的意思来运用。

"役民三司盗者，授以击刺之术"（宋·苏轼《教战守》）；"女婉贞，年十九，自幼好武术，习无不精。"（清·徐珂《清稗类钞·战事类》）"术"在这里当武功、武术的意思来运用。

"闻道有先后，术业有专攻，如是而已。"（唐·韩愈《师说》）；"古之学术道者"（《礼记·乡饮酒义》）；"不学亡术"（《汉书·霍光传》）。"术"在这里是当学业、专业的意思来运用。

由此可见，中国"术"既是指中国做人和做事的方式、方法，也是指中国人的手艺、技术、本领、专业，也是指人的小思路、小谋略、小聪明，更是中国人将"技"升华为"道"和"艺"的桥梁和纽带，当然也包括做事时的阴谋诡计、套路和手段。

## 中西方对"术"不同的运用和创新

我以为，要想真正认识什么是中国"术"，只有把中西方对"术"不同的运用和创新作一比较，才能发现它们的不同。

中西之"术"的不同主要是：其源头不同，发展路径不同；在运用和创新上各自的出发点、落脚点、原则不同，这样，也就导致了运用成果的大不相同。

中国"术"的源头是中国文化和中华文明；西方"术"的源头是西方文化和西方文明。中国"术"的发展路径是："敬天惜物""道法自然""天人合一""道术合一""精技近乎艺"，用"艺"提升人的精神境界和家国情怀；西方"术"的发展路径是：钟情于科学和技术，最愿意"精技近乎器"，用先进的工具和利器征服自然，征服他人，殖民他国。

中国人运用和创新"术"的出发点、落脚点和侧重点是：知人、知己、修己，以便更好地与他人合作共赢，与自然和谐相处，以实现"天下为公，世界大同"；西方人运用和创新"术"的出发点、落脚点和侧重点是：知识，知人，知物，用物，创新物，为我所用，以便征服他人和自然，实现利益最大化。

中国人运用和创新"术"的原则是："志于道，据于德，依于仁，游于艺"；西方人运用和创新"术"的原则是：只要不犯法，能实现个人利益最大化，可以不择手段。

中国人运用和创新"术"收获的成果是：道学、德学、智慧、农历、二十四节气、中医、中药、甲骨文、金文、汉字、汉语言、青铜器、中国画、中国书法、中国建造、唐诗、宋词、汉赋、民歌、民族器乐等极具中国特色的文化艺术，以及中国式思维、生产、生活方式等各种习俗。

西方人运用和创新"术"收获的成果是：西方哲学、科学、公历、英语、星座学、西医、西药、油画、话剧、歌剧、西洋音乐、西洋建筑、先进的热兵器和各种机器等，以及西方式的思维、生产、生活方式等各种习俗。

我们就拿给人治病来讲，西医治的是人生的"病"，中医治的是生病的"人"；西医治病运用的是医疗器械和用化学合成的药品，中医治病运用的是刮痧、针灸、按摩、拔火罐和草药进行阴阳调理。什么是健康？西医认为体检各种"指标"合格就是健康，中医认为，人的心理、生理、机体"阴阳"平衡就是健康。

大家都知道，中、西之"术"有较大一块儿表现在谋略的运用上。但西方的谋略大多运用于竞争和战争上，通过竞争和战争进行掠夺和殖民。而中国却从不赞颂争斗和掠夺性战争，更不鼓励到国外殖民，它是把根深蒂固的和平主义与慎战、备战结合起来加以运用，尽可能使谋略运用变成智慧。

对此，有些学者拿中国的《孙子兵法》与西方克劳塞维茨著的《战争论》做比较，他们发现，两种军事谋略差异非常大。前者含有儒家伦理主义精髓，散发着古典人道主义关怀，又隐含着老子"兵者不祥之器，非君子之器，不得已而用之"，因而视"不战而屈人之兵"为战争之道的最高境界。而后者则把战争看作殖民扩张和追求无限资本最好的方式和利器，明显带有生存竞争的"丛林法则"理念和零和博弈的思想。

有些学者还拿真德秀的《大学衍义》与马基雅维利的《君主论》做比较，他们发现，真德秀的《大学衍义》所阐释的"帝王之术"代表了中国的"王道"理想，而马基雅维利的《君主论》则代表了西方的"霸权"主义。《大学衍义》倡导君王要"克己""修己"、好自为之，远离淫乐奢靡，多做治国安邦、抚恤人民之事，这样才能受到人民的拥戴。而《君主论》则教导君主要像狐狸一样狡猾，像狮子一样勇猛，只要有利于君主统治，一切方法、手段和谋略都可以使用。

中国"术"的优秀有时也表现在它的奥妙性、模糊性、艺术性上。

中国"术"是"道术合一"之术，是"精技近乎艺"之术。因此，中国古代哲人把中国之"术"当作领会天地之玄妙的机微，当作把技能升华为艺术及进入天行之境、入化之境、大美之境的抓手和梯子。"醉翁之意不在酒，在乎山水之间也。""术"这个抓手和梯子可以升华为智慧和艺术。

我们再看中国的汉字，有不少汉字，中国古人并没有给出准确的定义，许多时候我们也无法厘定它的内涵和外延。我们就拿"仁"字来说，《论语》中出现的"仁"字多达一百多处，孔子却没有在一处给出定义。孔子有时说"仁者爱人"，有时说"孝悌，仁之本也"，有时说"克己复礼以为仁"，有时说"巧言令色，鲜仁矣"……只有在实践中把它放在特定语境之中才能真正领会和感悟出它深刻的含义和丰富的内容。

我们再拿中国人常说的"天"和"命"这两个字来说，任何人都无法定义、无法厘定它们真正的内涵和外延。人们只有"尽人事"，才能"知天命"。也就是说，人只能通过世间的"人事"慢慢地去领会"天"、领会"命"，在"尽人事"中去体悟"天意"，去感悟"命运"，才能弄明白其中的内涵和外延。

由此可见，中国文化打造的汉字，根本不是定义式的汉字，由此打造的中国思维也根本不是概念化的思维，而是语境式的、时机化的、对象化的汉字和思维。这些汉字和思维在不同的语境中，在不同的时机中，在不同的对象上，呈现出不同的含意，不同的意境，不同的气象。这就是中国汉字的奥妙之处、智慧之处和艺术之美。这也正如于丹老师所说："汉字，是握在中华民族掌心里的纹路，循着它的指示象形，可以触摸到所有观念由来的秘密；汉字也是笔尖下流淌的乡土，横平竖直皆风骨，撇捺飞扬即血脉。"鲁迅在《汉文学史纲要》中指出，汉字汉语具有"三美"："意美以感心，一也；音美以感身，二也；形美以感目，三也。"

我们再看中国古代哲人的言论、文章，初看，它们没有表面上的直接联系，而且大多还比较简短。细看，几乎都是名言隽语，有的充满了奥秘，关联性很强；有的充满了比喻和暗示，有些还非常耐人寻味，只能"悟"而不能言说。

我们再看中国古诗词，更是如此。有许多诗词还充满了气象和意蕴，人们不能直接理解，而只能根据自己的经历、阅历、见解，去品，去悟，去感受，去享受。正如诗人陆游所说："汝果欲学诗，工夫在诗外。"

## 几个容易搞混的概念

人们在运用和创新"术"时经常把科学与技术混为一谈，统称为科技。实际上二者既有密切联系，又有较大区别。科学解决的是理论问题，技术解决的是现实问题。科学是发现自然界中确凿的事实与现象之间的关系，并通过理论把事实与现象联系起来，解释清楚；技术则是把科学的成果应用到实际工作和生活当中，使之变为有用的东西，或者升华为艺术享受。

人们在运用和创新"术"时经常把知识和智慧混为一谈，其实这两者也是完全不同的概念。知识是前人对客观事物认识、探索和实践的总结和概括，而智慧则是根据现实的变化情况对知识的重新认识，并加以守正创新，以找到解决现实具体问题的新办法。知识是关乎自然的、过去的、别人的、社会的，是死的；智慧是关乎人生的、当下的、个人的，是活的；知识是书识、学识，是常识；智慧是才识、见识、器识、胆识、卓识，是非常识。

有时候，一个知识渊博的人未必有很多智慧，一个比较有智慧的人也未必懂很多知识。但大多时候，知识是产生智慧的沃土，这中间关键看你对知识会不会"化"，善不善于"化"。善于"化"的人能将知识化为智慧，不善于"化"的人对知识的运用只能是照猫画虎，是模仿式、教条式、机械式的。

人们在运用和创新"术"时还经常把专业和专攻混为一谈。其实，这两者也是有很大区别的。专业指的是专门从事某种学业或职业。专业停留在对某一种知识和技术的一般掌握中，而专攻则是指对某一种学业、职业或具体事物专门加以研究和实践，并通过研究和实践使自己对某一事物的了解和应用已成为自己的专长、特长。专业是知识，专长是技能，而只有专攻才能使知识变为专长。许多成功者的特征之一就是：他们由于具有出色的专长从而在一定范围内成为不可或缺的人才。

再就是人文与科技的关系也已成为人们广泛关注的话题。人文是用什么样的"文"来引领"人"的成长和成功的综合性学问。人文是文化里有关人生的那部分，它主要是用来"明体"；科技主要是用来"达用"。"明体"就是"明道"，就是用"道"引领、定向、总揽人对"术"的运用和创新；"达用"就是用"术"来解决工作和生活中的各种具体问题。

人文能引领人自然、自觉、健康、智慧、正常地成长和成功，能从根本上提升人运用"术"向真、善、美发展，也能帮助人走正、走稳、走久；科技能彰显和放大人文的内涵，更好地发挥它的作用。而且把两者结合得更紧密，把握得更好。

科技如果没有人文的引领和定向，人们对它的运用和创新究竟是福还是祸，是吉还是凶，谁都难预判，也很难掌控。人们对人文的运用，如果没有科技的配合和创新，人文也不能很好地发挥其自身的作用。

## "术"对人的成长与成功有何妙用?

从古至今，一个人只要善于学习、运用和创新中国"术"，那他不仅能解决好自己的生存问题、温饱问题，而且还能使自己脱颖而出，成为团队里的骨干。

吴甘霖先生的《方法总比问题多》一书里讲道："主动找方法的人永远是职场的明星，他们在单位创造着主要效益，是今日单位最器重的员工，是明日单位的领导乃至领袖。"

张治国的《蒙牛方法论》开篇里有这样一段话：

"再高寿的人，从一岁活起；再参天的大树，从幼枝长起；再卓越的企业，从小字辈做起……有谁能想到，今天的幼儿园里那些嘻嘻哈哈的孩子中，竟然有我们未来的国家元首？又有谁能想到，今天犄角旮旯里那些悄悄默默的企业中会有未来的世界500强？做企业，规模小不是问题，资金少不是问题，市场窄不是问题，人手差不是问题……但如果你缺乏成功的方法与技巧，那么，一定会成大问题。方法可使白蚁战胜大象，技巧好可让老虎跪拜羔羊。蒙牛曾经比你规模小，它做大了；蒙牛曾经比你资金少，它突破了；蒙牛曾经比你市场窄，它超越了；蒙牛曾经比你人手差，它起飞了……这一切，都是因为它'善假于物的缘故！'"

什么是"善假于物"？"善假于物"就是中国"术"！就是将中国人文与科技、知识、经验、方式、方法、技巧"统摄一心"的综合运用和守正创新。

近些年，全世界科技成果异彩纷呈，人类对世界的探索不断突破极限，人们的生活和生产也越来越智能和高效。世界如此大、如此快的变化，再一次告诉人们：人与人、企业与企业、国家与国家的合作与竞争首先靠"术"，"科技是第一生产力"。可以这样说，谁对"术"掌握运用得好，谁就能生存得好；谁对"术"发展得快，谁就能领先世界；谁对"术"创新得多，谁就有竞争力和话语权。

历史上最有名的谋士苏秦和张仪，在战国时期，就是巧妙地运用了"度心术"，影响了"合纵""连横"时各个国家力量对比的格局。

同样是战国时期七雄之一的秦国，也正是从商鞅变法开始，推行了一系列的富国强兵之"术"，才使秦国灭了其他六国，建立了大一统的中央集权制——大秦帝国。

依据中国历史记载，在长达两千五百年的历史长河中，中华民族曾出现过多次大兴盛的繁荣景象，中国"术"在其中发挥着十分重要的作用。学过中国历史的人都知道，从夏、商开始，中国就逐步拥有了阴阳八卦、占卜术、耕织术、观星术、冶炼术、建筑术、陶艺术、造纸术、中国文字、中国绘画、中国书法、中国诗词等。只不过，中国运用和创新这些"术"，从来不是为了侵略殖民他国，而是用于发展本国人民的生产和生活，让更多的人过上长治久安的幸福生活。

只有 900 万人的瑞典，在 19 世纪末还是欧洲最贫穷的国家之一，经济以农业为主，主要农作物是土豆，甚至曾有高达 1/5 的人口因为饥荒不得不流亡到北美等地。然而进入 20 世纪，瑞典在短时间内就进入发达国家之列，人均国内生产总值进入世界前十名。是什么让一个如此贫穷的国家很快进入世界强国之列？诺贝尔奖评委之一的瑞典皇家科学院院士约兰·斯特摩教授说："瑞典是一个小国，没有什么特殊的资源，我们最宝贵的，就是科学技术和创新人才。"

在第一次世界大战时，美国还只是一个二流国家。当时美国的工业远不如以英国为代表的欧洲国家。二战后，美国不仅变得越来越强大，而且成了世界头号强国。美国为什么会变得如此强大？

晓林与秀生在《再造魂魄》一书里说："他拥有高技术，通过二次世界大战军事竞争的促进，更使得他的以军事技术为代表的工业体系得到了长足的进步和发展，而这种发展使得美国富裕起来。"当然，美国的富强还有很多原因，但"术"的发展、运用和创新在美国起了巨大的作用。

哲人陈弘谋在《养正遗规》里说了这样一句话："国有真教术，斯有真人才。"这句话的意思是，一个国家拥有了真正教育孩子的好制度、好老师和好方法，国家才会有真正优秀的人才脱颖而出。

## "术"是把锋利的双刃剑

"术"在个人、团队和国家的成长和成功的过程中有着不可替代的重要作用，"术"为人类的生存和发展立下了汗马功劳，而且也为世界的文明谱写了一曲曲辉煌的乐章。

然而非常遗憾的是，"术"在为人类做出巨大贡献的同时，也为人类和社会的发展制造了许多意想不到的灾难和罪孽。

在中国封建社会的后期，中国"术"几乎没有创新发展运用在生产生活上及提高人民的福祉上，而是更多地被固化成教条式的说教，僵化成"杀人的封建礼教"，活化成官场、商场上的技巧、手段、阴谋、诡计，尤其是运用在权力的竞争和人与人的钩心斗角上。原本智慧、阳光、温情甚至是神奇而又伟大的中国"术"，在这时却变得隐晦、冰冷、残忍。

"术"在中国历史上的发展和运用如此，"术"在西方发达国家的发展和运用虽然走出了与中国截然不同的道路和形式，但他们对"术"的发展、运用和创新引发出更多的问题。

西方发达国家的"术"已经发展到了前所未有的地步，但也正因为这样，同时给人类的文明和世界的发展带来了灾难和罪孽。

大家都知道人造黄油，也叫植物奶油，它来自氢化植物油，在加氢过程中，植物油中的不饱和脂肪会形成异于原料的反式结构，它也因此而得名"人造反式脂肪"。

越来越多的证据显示，植物奶油对人体会造成多种危害，尤其是显著增加罹患心血管疾病的危险。为此，有人将它列为"人类食物史上的最大灾难"。但是，在近一个半世纪之前，植物奶油以人造黄油的名义被发明出来的时候，却是一件相当了不起的事情，甚至获得了当时法国皇帝拿破仑三世特别颁发的勋章。它不仅解决了天然黄油的短缺困境，而且价格低廉、易定型、易起酥、保存时间长，此外，由于它来自植物油，也曾被认为比动物油脂更加有益健康。

在西方，此类发明还很多。如一种叫"橙剂"的发明。这种化学品原本是一种高效的除草剂，同时，作为落叶剂，它也可以迅速杀死受传染病侵袭的林木，阻止病害蔓延。

在越战中，美军为了让隐蔽于茂密丛林中的越南兵无处躲藏，于是就向越南丛林中大量喷洒"橙剂"。但让美国想也没想到的是，在"橙剂"的使用过程中，不仅让越南数十万军队深受其害，而且也让十几万美国军人遭受"橙剂"中剧毒物质的痛苦折磨。不仅如此，毒素还导致越南和美国受害者的遗传基因突变，致使他们的婴儿早夭或先天畸形，噩梦一直持续至今仍然没有终结。

与此相类似的，还有一种叫DDT的化学药品。这种高效杀虫剂用于消灭蚊虫和虱子，曾遏制疟疾的蔓延，用于消灭农田害虫，使农业大幅度增收。据统计，全世界大约有500万人因此免于饿死。这些成就，令它的发明者瑞士化学家保罗·H.穆勒获得了诺贝尔生理学或医学奖。谁知在几十年后人们才逐渐发现，使用DDT，它不但杀死了有害的昆虫，而且也使以虫为食的鸟类逐渐绝迹。

科学技术的发明，其中对人类危害最大的莫过于核武器。曾经致信美国总统罗斯福提议研制核武器的爱因斯坦，后来一直认为此事是他一生中最大的错误。

平心而论，有些"术"的发明所带来的恶果，比较容易为人们所察觉，比如含铅汽油，在研发过程中就曾导致大量研究人员患病甚至死亡；有些则不那么容易被人意识到，比如曾被认为性能优良、安全无毒的冰箱制冷剂氟利昂，当人们发现它会引发温室效应、破坏地球臭氧层，已经是50年以后的事情了。令人感慨的是，这两项发明，都出自同一人之手，美国化学家小托马斯·米奇利。

纵观那些令人类懊悔不已的伟大发明的功过是非，其功往往当下立现，其过则是慢慢显露出来的。

在人类历史上，"术"的发展、运用和创新确实是一个伟大的进步，它不仅极大地提高生产效率、带来了很高的经济效益，而且为人类的生活提供了诸多便利，大大地提高了人的生存质量。然而，新技术的发展和数字化的革命，可以使人们采取更多手段对他人造成严重伤害，在这方面，电信诈骗就是一个例子，由于网络的快速发展，今后不但战争的门槛降低了，而且战争与和平的界限也模糊了。这是因为任何网络或互联设备，从军事系统到民用设施，都会成为网络入侵和攻击的对象。再加上西方国家越来越将科学技术工具化、功利化，这样更加导致了人自身的异化，使得人与人、人与自然、组织与组织、国家与国家的关系更加复杂微妙。

可以说到了今天，维护世界和平与安全的武器和手段已经非常先进，但今天的世界却越来越不安宁、越来越不安全：争斗不绝、战争不断，枪杀别人的子弹和自杀式的炸弹此起彼落；反恐越反越恐，自然灾害越来越频繁、破坏性越来越大，人类生存和发展的成本和代价越来越高。也许，有一天人类会被自己制造的机器人所毁灭。

当然，在全球化的过程中出现的许多新问题，也不能全归咎于科学技术本身，但越来越多的事实都证明了"术"是一把非常锋利的双刃剑。人类在学习、运用和创新"术"的时候，一定要深刻反省、充分认识到它的两面性，尽可能地把握和平衡好它的两面性，使人类对"术"的运用和创新向真、向善、向美而行，择真、择善、择美而从。

## 运用中国"术"之首要

　　人们在工作和生活中，无论运用何种"术"，都要把"心"摆正。可以这样说，把"心"摆正是运用"术"的前提和首要。如果"心"摆不正，那就丧失了用"术"的合法性和合理性，那用"术"的效果不仅会大打折扣，而且往往会搬起石头砸自己的脚，自食苦果。

　　我工作了四十多年，看到过古今中外有关各种如何运用"术"的图书上百本，也看到过不少人运用"术"取得了各种各样的成功。但我更多看到的是他们最终反被"术"的运用时由于没有把心摆正害了自己；我还看到过一些人在工作中靠谋略获得了上级或下属对他们的信任，但更多看到的是因运用谋略没有把心放正，最终失去了人们对他们的信任。

　　前几年，有不少培训师在培训学员时大讲《孙子兵法》《三十六计》《六韬》和《三略》。有的培训机构还给学员上《厚黑学》的课。有的培训师还主张在个人的具体工作和生活中也要多运用谋略和手段。

　　在工作和生活中，中国古人始终强调要将"术"升华为"道"加以运用，将"技"升华为"艺"加以运用。也就是说，人在运用"术"

的时候，不仅要把心放正，而且要把对"术"的运用和创新建立在对自己的道行、德行、知识、智慧、运气充分掌握和综合考虑的基础上，"统摄于一心"再加以运用和创新。

## 运用中国"术"之根本

事实证明，再先进高明的知识、科学和技术，如果没有"道"的引领、定向和总揽，没有"德"的支撑、保障和掌控，那么，人们对它们的运用和创新可能给人类带来的可能是伤害和危害。

美国有些政客原以为，战争能解决人类和社会所有的问题。但现实却和他们开了一个又一个大玩笑！波德里亚在《冷记忆5》里说了一句让人悚然的活："未来若干代的人造生灵，他们必然要灭绝人类种群，依据的是人类灭绝动物种群的同样的运动。他们将以回溯的方法把我们看成猴子，因为他们耻于做猴子的后裔。"

西方个别发达国家对"术"的运用和创新以及他们实现的西方式现代化，尤其是美式现代化，他们给人类的生存和发展带来的种种弊病，已经越来越突显出来。

这些弊病和问题已经引起全世界一些思想家、政治家和科学家的高度重视和反思。他们开始主动从古老的中国传统文化和当代中国道路、制度里学习智慧，从中国式现代化的智库和方案里找办法。李约瑟在他的全集中有这样一种说法："近代科学技术每天都在做出各种对人类及其社会有巨大潜在危险的科学发现，对它的控制必须主要是伦理和政治的，也许正是这方面，中国古老的智慧，可以影响整个人类社会。"

李约瑟为什么会有这种看法呢？这是因为他发现，早在两千年以前，孔子在《论语·述而》里就说过："盖学莫先于立志，志道，则心存于正而不他；据德，则道得于心而不失；依仁，则德性常用而物欲不行；游艺，则小物不遗而动息有养。学者于此，有以不失其先后之序、轻重之伦焉，则本末兼该，内外交养，日用之间，无少间隙，而涵泳从容，忽不自知其入于圣贤之域矣。"

通过这些我们可以看出，中西方的哲人们早就认识到：人们在运用和创新"术"时，必须用中国"道"来引领和总揽，用中国"德"来支撑和掌控，用中国"仁"来平衡和把控，用中国"艺"来升华和彰显。

反之，一个人道行不高，却什么"术"都敢创新；一个人德行不够，却什么"术"都敢运用；一个人贡献很小，却什么权力、财富都敢要；一个人智慧低下，却什么办法、手段都敢使，那无疑是给自己成长和成功的路上挖陷阱、埋炸弹、设障碍，最后，终归咎由自取。

**运用中国"术"之关键**

任何"术"的产生都有它的时代背景、社会条件和历史必然。当它们传承到今天，要为现实社会服务，那就必须将它们的形式与内容都要做相应的改变和创新，使它们的形式与内容都能与新时代的主题、使命契合，这才是学习、运用和创新好中西之"术"的关键所在。

爱因斯坦说过："西方科技如果缺少了东方智慧，就会变成瞎子；东方智慧如果缺少了西方科技，就会变成瘸子。"中西之"术"，各有各的优秀和不足、各有各的特长和局限。它们就像男人和女人一样，没有谁优谁劣之分，它们就像我们的左右手一样，没有谁重要谁不重要之分，也不应该由谁来主导谁，由谁来改变谁，由谁来引领谁，由谁来替代谁。

中国之"术"一旦置身于近现代的国际竞争、战争环境，就会发现西方之"术"的先进与现代；西方之"术"一旦置身于全球化和建立命运共同体的大环境之中，就会发现中国之"术"的高明与智慧。中西之"术"在现代化和全球化的进程中，只有果敢地更新自己，突破自己，扬弃自己，两者之间相互尊重、相互学习、相互借鉴、融会贯通、取长补短、共同创新，才能真正具有再生价值，才会被全人类接受，才会使自己的"术"产生出新的活力、生命力和魅力。

## 运用中国"术"之诀窍

前些年，新出的运用"术"的书很多，网上谈如何运用"术"的文章也特别多，但这些只是人们解决各种矛盾和问题时的参考、抓手和阶梯，而不是现成的方法和工具。

我们就拿《三十六计》和《孙子兵法》来讲，在中外战争史上，有很多人通过运用这些兵法和计谋打赢了很多战争，但也有不少人则是受这两本书的影响和困扰而打败了战争。

我们再拿学习西方现代管理学和经济学来说，有许多管理者通过学习这些书中的方法搞好了企业，但也有不少管理者则是受这些书中的方法的影响把企业搞得一团糟。

为什么会出现这些情况呢？其实原因很简单，那就是这些战败者和失败者把方法当成了教条，把"计"和"法"当成了灵丹妙药，把这个"学"那个"学"当成了现成的智慧，他们对《三十六计》《孙子兵法》和西方现代管理学、经济学等知识的运用，没做到用中国"道"来引领和平衡，用中国"德"来支撑和保障，用中国"化"来活化和转化，用中国"心"来升华和掌控，从而达到与时俱进，活学活用。

很多人在学习和运用《三十六计》和《孙子兵法》时，只注意了每一计和每一法的照搬照用，而没有很好地理解和把握《三十六计》里的每一计与"总说"之间的辩证关系和根本关联，没有很好地理解和把握《孙子兵法》里的每一法与"始计篇"里的"道、天、地、将、法"的本末关系。

《三十六计》里的"总说"只有29个字："六六三十六，数中有术，术中有数。阴阳燮理，机在其中。机不可设，设则不中。"就是这29个字，它却提纲挈领地道出了运用和创新《三十六计》的要领和诀窍。

《三十六计》里的"总说"明确地告诉我们，在学习和运用《三十六计》里的"任何一计"，一定要掌握用计时的"术"和"数"的变化、"术"和"机"的对接和契合。这四者之间既包括了用计者的"道行"和"德性"，又包含了用计时的天时、地利和人和，还包括了用计时出现的各种新变化、新情况、新机遇。只有通盘把握好这些关系和关联，才能掌握好用"计"时的主动权和自由度。

　　《孙子兵法》里的"始计篇"，可以说是其他十几篇的总纲、总说。"始计篇"里着重讲了用计的"五事"："道、天、地、将、法"。孙子认为，掌握这"五事"，是用法之首要，用法之前提，用法之必须，用法之纲领。没具备和掌握好这"五事"的心力和能力，想把《孙子兵法》用好、用妙，那是白日做梦。

　　真正智慧的人在运用中西之"术"时是不会迷信任何理论，也不会把任何中西之"术"当作万能钥匙。他们在运用和创新"术"时，始终是在认识和掌握了各种事物运行变化时的自然原理、自然法则、自然规律和自然力量之后，并将这些"术"根据当时、当地的实际情况以及运用的对象活化成新"术"，最好能"无私""无为"和"以百姓心为心"，将"术"升华为"艺"或者是"道"来加以运用，而不是停留在为己图利和为己争名上。

　　冯友兰先生在《中国哲学简史》里有这样一段话："孔子说：'吾十有五，而志于学'。这里所说的学，不是我们现在所说的学。《论语》中孔子说：'志于道。'（《述而》）又说：'朝闻道，夕死可矣。'（《里仁》）孔子的志于学，就是志于这个'道'。"通过这段话我们可以看出，人们在学习、运用和创新"术"时，一定要充分考虑自己对中国"道"、中国"德"、中国"化"、中国"心"的理解、掌握、积累和沉淀达到了何种程度之后，再加以综合运用，以达到孔子所说："志于道，据于德，依于仁，游于艺"的境界。

　　人只有"志于道"，才能为自己运用和创新"术"设好导航，标清定位；人只有"据于德"，才能为自己运用和创新"术"立稳根基，扎牢防护栏；人只有"依于仁"，才能"以百姓心为心"，把自己的心放正，为老百姓运用和创新"术"搭建起公平、公正的舞台；人只有"游于艺"，才不至于将知识、道理、经验、科学和技术僵化为教条，使自己对"术"的运用和创新做到与时俱进、出神入化，落脚到为家、为国、为人民谋幸福的根本上。

## 如何精耕中国"术"？

人能掌握一技之长，或一业之专、一职之能，就能将自己的人生立起来，但要想让自己立稳、走正、走远，就必须精耕中国"术"，通过精耕中国"术"，让自己的一技之长与时俱进，使自己的一业之专、一职之能不落后。而要做到这两点，就必须下苦功真学、博学、深学、活学、活用中国"术"。

所谓真学中国"术"，就是要端正自己的学习态度，明白自己的学习目的。学习绝不是给别人学，也不是给别人看，更不是给自己装门面。学习的目的只有两个：第一是弄明白道理，使自己树立正确的三观，走上正道，不走歪道；第二是"在明明德"，使自己能"厚德载物"，保证自己走稳；第三是增"知"提"识"，不断提升自己解决新问题的能力，使自己走远。

人们不要忘记，事有所成，常常是建立在学有所成之上；学有所成，往往是建立在习有所得之上。

真学的关键就是看你能否把学习当成自己终生最重要的事来对待，能否把学习变成终身的自觉，养成一生的习惯。

所谓博学中国"术"，就是指学习中国"术"时一定要有广度和宽度。学习中国"术"的广度和宽度，决定着一个人命运的广度和宽度。人只有博学，才能熟知世间万物、品悟宇宙之妙、跟上时代节拍，做到心中有沟壑、眼中有远方、手上有分寸、脚下知进退。所谓博学中国"术"，并不是什么书都读，而是一定要多读好书，不读坏书；多读新书，少玩手机；多读前沿书，少读碎片化信息。

书犹药也，书籍自产生以来就良莠并存，有精华也有糟粕。多读书固然好，但前提是要多读好书。读好书可以造就一个好人；读坏书、读邪书却能毁掉一个好人。

所谓深学中国"术"，就是指学习中国"术"时一定要有深度和高度，其决定着一个人成长和成功的深度和高度。一个人在学习时只有"博学之，审问之，慎思之，明辨之，笃行之"，才能真正掌握中国"术"的要领和精髓。

读一本好书，仅仅看一两次是远远不够的，必须反复看。有时需要正读，有时需要反读，有时需要变换不同的视角，寻找不同的切入点，采用不同的方法，层层递进，渐渐深入，随读随想，随想随记。在阅读和思考中，即便是吉光片羽、点滴感悟，也要认真记下，有时间就认真思考，这样才能领悟和感悟到中国"术"的精髓所在，做到活学活用。

有些人读书不懂约取之道，或如布袋，取粗去精；或如沙漏，不留痕迹；或如海绵，不加分析而一概吸收。如此阅读，效果可想而知。我们的读书应当像寻宝师傅那样，辨明瑕玉，甩掉矿渣，只取宝石。

在学习和运用中国"术"时，为什么会出现很大的差别和差距呢？我做过大量观察，发现其主要原因有以下几点：

一是他们在对道理的运用上，有些人说到并能做到，有些人是说在嘴上而不是落实在行动上。

二是他们在对知识的运用上，有不少人始终停留在错识、浅识、片识、碎识上，可有些人却能把知识转化成为自己的见识、才识、器识、胆识；

三是有些人只懂得死学死用，而有些人却能把死学变成活学，能把死用变成活用；能让自己在学习中真正洞察出"说法"背后的"想法"和"方法"，领会"道理"之中的"真理"和"情理"，并能把道理、知识、经验和上级的精神在实践中活化成自己的智慧。

四是他们在对道理、知识、上级文件精神乃至别人的经验的运用中，不是照葫芦画瓢，更不是张冠李戴、指鹿为马，而是站在前人的肩膀上创新出能解决具体实际问题的新思想、新道理、新知识、新经验、新模式、新方法。

五是他们在对技术的运用和创新时，能像庄子在"庖丁解牛"文章里说的那样，能做到："臣之所好者，道也，进乎技矣。"庖丁关心的不是如何能将"解牛"这个技术活完成，而是看重怎样才能达到"以无厚入有间""游刃有余"的水平，甚至在节奏上也要产生"合于《桑林》之舞，乃中《经首》之会"的美感。在庖丁看来，要做到这一点，就必须抛弃功利的心态，保持技术运作中的灵性，"以神遇而不以目视，官知止而神欲行"。否则，"目无全牛"，仅把牛看作待屠宰的对象，永远也不可能领悟"解牛"的真谛。

精耕中国"术"，并不意味着排斥西方之"术"，而恰恰相反，当你精耕中国"术"之后，你才会发现，中国之"术"从来不排斥其他之"术"，而是最愿意也最善于学习其他之"术"，并能很好地将其他之"术"与中国之"术"贯通、融为一体，补强、补壮中国"术"，并转化和升华成为中国智慧、中国技术、中国艺术。

张瑞敏为什么能发展成为一个国际知名的管理大师？原海尔总裁杨绵绵说的一段话道出了其中的奥妙。她说："在我的印象中，张首席几乎天天看书。尤其爱看中国古典和国外的相关书籍。他从中国古典中悟'道'，从西方书籍中学'术'。他现在是国际知名的管理大师，但20年前的张瑞敏完全没有今天的这些理论和经验。最可贵的是，张首席善于学习，但又不仅仅是停留在理论上，他也善于实践，这就是他与其他人最大的不同。"

张瑞敏正是看到了中西之"术"的不同，所以才对中西之"术"真学、博学、深学、活学和活用，并在融会贯通上下功夫，在守正创新上做文章。这样不仅使他及时地抓住了自己和海尔的运气，也改变了自己和海尔的命运，同时还创造了适合中国本土的新管理思想、新管理理论、新管理方式和新管理方法。

## ▶▶▶ 第四讲　中国式成长与成功的第三大要素
### ——笃行中国"道"

**为什么越来越多的人喜欢上了中国"道"？**

现在越来越多的中国人，无论他们干什么，都愿意研究和琢磨自己所干事业的"道"。其实，不仅是中国人，就是受中国传统文化影响较深的国外思想家、政治家、科学家、企业家，他们也越来越喜欢研究和琢磨中国"道"。而且更有意思的是，"据统计，现在德国几乎每个家庭都有一本老子的书，其普及度远远超过老子的家乡。"（余秋雨《中国文脉》）

据有关资料说，老子著的《道德经》至今已有五千多个版本，一万多种译著。1788 年，罗马天主教士波捷第一个用拉丁文翻译传播了老子的《道德经》。17 世纪末，法国哲学家弗奎内通过来华传教士的著作了解了老子的"道法自然"哲学思想之后，他将这一思想与古代希腊罗马的"自然法"思想相结合，创新出经济活动中的"自然秩序"这一观点。

　　这一观点对17世纪西欧哲学和经济学影响很大。后来亚当·斯密在《国富论》一书中根据"自然秩序"提出自然与社会中特别是经济活动中存在的所谓"看不见的手"的观点，对后来的市场经济产生了巨大的影响。

　　物理学家卡普拉看了《道德经》之后说："在伟大的诸多传统中，据我看，道家提供了最深刻并且最完善的生态智慧。它强调在自然的循环过程中，个人和社会的一切现象和谐在两者的基本一致之中。"

　　尤其是近些年，外国人对中国"道"的研究又掀起新一轮高潮。现在有不少外国人来到中国，拜中国的国学大师为师，专门研究和探讨中国"道"。美国《第五项修炼》一书的作者彼得·圣吉和《第七感：权力、财富与这个世界的生存法则》一书的作者乔舒亚·柯珀·雷默，曾专门到中国太湖大学堂拜南怀瑾先生为师，学习中国"道"。

　　美国作家麦克·哈特在《影响人类历史进程的100名人排行榜》一书中说："在中国浩如烟海的书籍中，在国外被人广泛翻译和阅读的一本书就是在两千多年以前写成的《道德经》。除《圣经》以外，任何书籍在数量上都无法与《道德经》相提并论。"

　　大学教授王华玲、辛红娟在"《道德经》的世界性"一文中说："《道德经》凡五千余言，引导人们突破眼前狭小空间的限制，把思维拓展到广袤的宇宙，启示人们自由地去探索未知世界。近世以来，西方各国争相从中国道家典籍中寻找民族持续发展的智慧动力，译介和研究老子思想已经成为国际汉学界的一种风尚，学术界甚至把《道德经》翻译和研究成果的多寡看作是衡量一个国家汉学研究是否发达的重要标准之一。"

爱因斯坦说："西方科学家做出的成绩，有不少被中国古代科学家早就做出来了。这是什么原因呢？原因之一是古代科学家自幼学习《周易》，掌握了一套古代西方科学家们不曾掌握的一把打开宇宙迷宫之门的金钥匙。"

近三十年，我看到有关涉及中国"道"的外国书籍也越来越多。其中有些书籍尽管没有直接提出中国"道"这一概念，但他们在书中所探讨的理念和做法却越来越接近中国"道"。如 [ 英 ] 理查德·怀斯曼著的《正能量》、[ 美 ] 彼得·德鲁克著的《管理的实践》、[ 英 ] 爱德华·德·波诺著的《六项思考帽》、[ 美 ] 史蒂芬·柯维著的《高效能人士的七个习惯》、[ 美 ] 丹·柏秉斯基著的《团队正能量——带队伍就是带人心》、[ 德 ] 克劳斯·施瓦布著的《第四次工业革命》、[ 意大利 ] 足球教练里皮著的《思维的竞赛》等。

日本的稻盛和夫与梅原猛在其合著的《拯救人类的哲学》一书中，通过俩人对话的形式谈美国文明是否正确，谈人类文明的前途，谈回归以和为贵的传统，谈人心的管理，谈人的自燃性、可燃性和不燃性，谈顺着东方之道堂堂正正活下去。

我们再仔细看看美国彼得·圣吉在《第五项修炼》一书中提出的"系统思考""五项修炼"和"共同愿景"等观点，这些观点有不少与中国的儒家、道家的思想十分接近。只不过他把西方的管理科学与中国"道"的智慧紧密地结合在一起，使人们更容易理解，便于掌握和运用。

中国"道"之所以如此受到越来越多的关注和重视，其根本原因是中国"道"汇聚了中华文化顶尖的智慧，吸纳了中华文化最具代表性经典的精髓，它是由《周易》之道、老子之道、庄子之道、儒家之道、法家之道、释家之道等一路演变升华而成。

## 《周易》之"道"

"一阴一阳之谓道"。中国"道"这个概念最早出自《易经·系辞》。《易经》是中国古人取法自然演绎出的一本占卜术书籍。当人们在成长和成功的过程中，遇到了较难处理的事情，自己实在拿不定主意时，就往往借助占卜来帮自己拿主意、找出路，以便知吉凶，尽可能做到趋利避害。

用占卜来给自己做事多一种参考，是一种玄学，它虽然不是科学，也不是神学，但它极具生命力和影响力，直至今天，人们还在运用它。在春秋战国那个年代，中国的先哲们经过长时间的运用之后就发现，占卜有时候准，有时候不准。占卜仅仅是一种参考"术"而已。孔子经过反复占卜，不仅体悟到《易经》里的六十四卦和三百八十四爻里的"象、数、理"暗含着一定的自然法则和规律，而且他还发现，《易经》上所讲的"象，数，理"比占卜术更重要，人们更应该把重点放在对"象，数，理"的研究和把握上，而不应该把心思花在占卜术上。

孔子为了实现自己这一想法，于是就和他的弟子们沉下心来为《易经》作了《十翼》，被后人称之为《易传》。孔子正是通过作《易传》，将原本的占卜术变成了严肃的人生哲学、人生智慧，使《易经》之"术"升华为《周易》之"道"。这就是中国"道"的第一次重大演变和升华。

所以,孔子在《易传》里极力主张君子研究《周易》时一定要"求其德",而不是去"占其术"。荀子经过认真研究和实践《易经》之后,也认为"善《易》者不卜"。

## 老子之"道"

在《道德经》里,老子谈"道"近七十处。其说"道",真可谓头头是"道",但他始终没有准确地回答过什么是"道"。

在《道德经》里,只有这么一段话是勉强回答"道"是什么:"有物混成,先天地生。寂兮廖兮,独立而不改,周行而不殆,可以为天下母。吾不知其名,字之曰道。"老子说:有一种物质在天地之前就存在着。它寂静无声、空旷虚无,独立长存而不改变,循环运行而不停止,它是天地万物之母。我不知道它的名字,勉强把它称之为道。

在《道德经》里还有一段话也是谈论什么是"道"的,但这段话也很模糊:"强为之名曰大,大曰逝,逝曰远,远曰反。"老子说:给道起个名字勉强可以称之为大;这种大它不断变化着,永远变化着,而且向它的反面变化着。

老子传承了《周易》之道的精髓,同时又创新了《周易》之道。他在《道德经》里不仅提出了"无""有""善""无为""处下""守柔"等"道"的内涵,"道"的精髓,而且第一次提出了要系统辩证地看待和对待事物的变化("圣人抱一为天下式""反者道之动，弱者道之用"）；第一次提出了管理者要"以百姓心为心"，实现"爱民治国"之王道。

老子的"无"，既是没有的意思，也包含着事物运行变化内部自身看不见、说不清楚的能量（"恍兮惚兮，其中有物"）；"有"是事物内部能量运行变化的外在形式和现象（"惚兮恍兮，其中有象"）。老子的"无为"也不是不作为，而是要人们取法自然、顺应自然，借助自然力量顺时、顺势而为（"无为而无不为"）。

老子认为，世界上不管有多少物种、多少变化，都应将它们统统概括为"一"（"是以圣人抱一为天下式"）。人的心里只要有了这个"一"，就有了整体，就有了长远，就有了统一，就有了结合，就有了变通，就有了生生不息，就有了源远流长。

天地万物，相生相克，仅有具体、眼前不行，仅有碰撞、矛盾不行，还得有总揽、协调、平衡、统一和长远。只有这样，才会"天得一以清，地得一以宁，神得一以灵，谷得一以盈，万物得一以生，侯王得一以为天下贞。其致一也"。如果天地万物失去了矛盾，失去了碰撞，失去了交合，失去了平衡，失去了和谐，失去了协调，失去了一统，也就是说，失去了"一"，那么，整个世界就会出现："天无以清，将恐裂；地无以宁，将恐废；神无以灵，将恐歇；谷无以盈，将恐竭；万物无以生，将恐灭；侯王无以贵高，将恐蹶。"（《老子》第三十九章）

老子反复告诫人们，在成长和成功的过程中，谁不重视事物的矛盾性和统一性，谁不重视事物的具体性和整体性，谁不重视人们的眼前性和长远性，谁的成长和成功就会出大问题。

老子还特别强调："是以圣人抱一为天下式"。也就是说，高明的领导者，一定要从"一"的高度、"一"的全局、"一"的广度和"一"的长远，以及单"一"的低度、单"一"的维度、单"一"的适度和单"一"的精准，去思考问题、解决问题，去谋划长远，谋划全局。

在老子眼里，"一"是事物循环往复的变化，是存在的起点和变化的终点，是阴阳彼此依赖、相生相克、不断变化的过程。人们有了"一"的思维，就不会孤立地看问题，就容易站在战略层面上思考问题，解决问题，就会拥有"会当凌绝顶，一览众山小"的眼光和境界。

在《道德经》里还有一个字被老子反复使用，但至今并没有过多地引起人们的高度重视，那就是"善"字。老子在《道德经》里，用"善"字近四十处。

老子之所以非常重视"善"，是因为老子认为"善"最能代表和体现中国道运行和变化的精髓。

"善"是人区别于动物最本质的特征，也是人为之道与自然之道对接和契合时最好的通道。老子不仅希望人们在成长与成功的过程中要"道法自然"，而且更希望人们向水学习，能做到"居善地，心善渊，与善仁，言善信，正善治，事善能，动善时"。

老子在《道德经》里还特别强调：人在观察事物运行变化时，一定要多关注阴阳变化时弱的一方，小的部分，反的那块，也许正是它们，才是未来希望，发展的原动力。"反者道之动，弱者道之用。"它不仅预示着事物变化的前景，更代表着事物变化的未来。

近些年，不知是读《道德经》次数多了，还是自己的阅历多了，慢慢地我还发现，老子之道不仅是自然之道，更是爱民之道。

老子在《道德经》里提到"民"和"百姓"多达三十九处。如，"不尚贤，使民不争；不贵难的之货，使民不为盗；不见可欲，使民心不乱""爱民治国""绝圣弃智，民利百倍""圣人无常心，以百姓心为心""我无为而民自化，我好静而民自正，我无事而民自富"等等。

由此可见，在老子心里，最牵挂的是人民的安危和幸福。老子特别希望能让"圣人"执政，希望"圣人"用自己的"无私"和"无为"，让老百姓过上"甘其食，美其服，安其居，乐其俗"的幸福生活。

在老子眼里，"圣人"不仅是一个"处无为之事，行不言之教"的布道者、引领者、示范者，也是一个"以百姓心为心""无私、无为、处下、守柔"的爱民者、为民者。

老子在《道德经》里还花了不少篇幅告诉我们：一个人应该怎样修炼自己，从而使自己成为"圣人"。如："是以圣人为腹不为目""是以圣人去甚、去奢、去泰""是以圣人终不为大，故能成其大""是以圣人欲上民，必以言下之"等等。

老子之道，既是自然之道，也是爱民之道，还是成长和成功之道。正是老子通过著《道德经》使中国"道"实现了第二次大演变、大丰富、大升华。

## 庄子之"道"

从古至今，许多人都认为老子和庄子的思想是一脉相承。所以，人们把他们的思想统称为"老庄之道"。可是经过近些年的研究，我发现，老子之"道"与庄子之"道"既有相同之处，也有不同之处。

相同之处是，他们都认为"道"是万物的源头和归宿，是两种内在不同能量的变化和统一。道有天道和人道之分，人道应该顺应天道。老子和庄子都讲"无为"，但不同的地方是，老子的"无为"是抱着"无不为"的目的而去"无为"，是"以百姓心为心"、抱着为老百姓过上好日子而"无为"的。而庄子的"无为"是抱着为自己过上一种自由自在的"真"生活而"无为"的。

庄子说："唯道集虚，虚者，心斋也。"心斋便是生命精神应有的境界。也是做事时最基本的气质要求和艺术追求。庄子认为，人生的必修课最重要的是"悟道"，在"悟道"的过程中找到自己最适合的角色和位置。做人时，敞开胸怀，与蝶一样，给自己一个梦想，像鱼一样，与万物、众人"相忘于江湖"，给自己自由；做事时，整体思考，能如"庖丁解牛"那样，精于技艺而又入于化境，让自己的工作和生活由"术"的层面升华到"艺"的层面，达到"出神入化"的境界，使做人和做事成为一种自然而然，成为一种快乐、一种享受。

庄子有一句很著名的话是"乘物以游心"，也就是说，他把财富、名声、地位以及所有的生活所需和所得，都用一个"物"字来代表。而这些所需和所得的"物"都是用来为自己"游心"

服务的，绝不是把它们作为自己的人生追逐的目标，让自己的工作和生活被这些"物"所牵引、所蛊惑、所诱惑、所困惑、所奴役、所改造。如果是这样，自己的"心"不仅不能自由，反而会被"物"拖住、拖累、拖垮，导致自己的心会生出各种各样的毛病。

庄子认为，人只要不被"物"所惑、所困、所累，不管你是什么样的人，不管你干什么，不管你有钱没有，有权没权，都能用智慧拥抱变化，应对变化，顺势而为，使自己成为"真人"，使自己获得"真知"，使自己享受到人生的真宁静与真喜悦。拥抱变化，顺应变化，顺势而为，求"真"、获"真"、做"真人"，这才是庄子之"道"的精髓。由此可见，庄子之"道"，虽然也是自然之道，但更是成为真人之"道"。

历史反复证明，人类为了自身的生存和发展，许多时候过度的"有心"和无引领、无节制的"有为"远比"无私"和"无为"付出的代价要大，给人类带来的灾难和罪孽要多。这也可能是老子和庄子特别喜欢"无私、无为、处下、守柔、从善、抱一、求真、爱民"的根本用意所在。这也是老子、庄子对中国"道"最大的贡献之处。

### 儒家之"道"

儒家在他们的经典著作里提"道"的地方也非常多。但我读了不少儒家的经典之后，依然看不到哪一篇文章是专门谈"道"和论"道"的。

我认为，儒家之"道"与老子之"道"都来自《周易》，他们所说的"道"的源头都是阴阳。不同之处是，老子之"道"也就是《周易》里的"坤道"；儒家之道也就是《周易》里的"乾道"。

道家主张把自己修炼成圣人，儒家主张把自己修炼成君子，然后让这些圣人或者是君子来治国理政，只有这样，国家才会长治久安，老百姓才能过上好日子。在治国理政上，老子之道侧重于"道法自然""厚德载物""处下、守柔""无私，无为"，以弱胜强；儒家之道侧重于"自强不息""不辱使命"，用"仁，义，礼，智，信"来"正心、修身、齐家，治国，平天下"。

大家读《论语》时会发现，一部短短两万多字的语录，"君子"一词就出现了一百多次。

那么，什么是君子？我们先看孔子与子路的一段对话。原文是："子路问君子。子曰：'修己以敬。'曰：'如斯而已乎？'曰：'修己以安人。'曰：'如斯而已乎？'曰：'修己以安百姓。'"通过这一段对话，我们可以看出，所谓君子，是一个能自觉做到按儒家之道来修养自己的人，是一个懂得敬畏自然、规则的人；是一个在做人和做事时，能想到别人、让别人放心的人；是一个能为老百姓谋长治久安的人。

孔子在《论语·宪问》里说："君子道者三，我无能焉：仁者不忧，知者不惑，勇者不惧。"通过这段话我们可以看出，君子是一个内心具备了仁、智、勇这三种基本素养的人，也是一个能做到这三点的人。

孔子在《论语·宪问》还说："士而怀居，不足以为士矣。"通过这句话我们可以看出，孔夫子心中的君子，不仅是一个好人，更是一个胸怀天下、奋发有为、敢于担当的人。

正是受儒家君子之道的影响，在孔子之后，中国古代有许多仁人志士不仅在显达的时候能以天下为己任，而且在穷困潦倒之时，也不放弃个人修养，他们心怀天下，念念不忘苍生黎民。孔子的学生曾子说："士不可以不弘毅，任重而道远。仁以为己任，不亦重乎？死而后已，不亦远乎？"（《论语·泰伯》）陆游说："位卑未敢忘忧国，事定犹须待阖棺。"（《病起书怀》）孟子说："穷则独善其身，达则兼济天下。"（《孟子·尽心上》）著名儒者顾炎武说："天下兴亡，匹夫有责。"（《日知录·正始》）

孔子说，君子可以"杀身以成仁"（《论语·卫灵公》）。孟子说，君子可以"舍生而取义"（《孟子·告子上》）。孔子还说："朝闻道，夕死可矣。"由此可见，儒家对自己所认准的"道"是何等的向往、推崇和忠诚。

如果说道家之道是"爱民之道"的话，那么，儒家之道则是"安民之道"，后来又升华为"为民之道"。大家知道，早在两千多年前，儒家不仅高喊出"修己以安百姓"的口号，而且还为中国人设计出一个很受老百姓欢迎、又很温暖的理想王国，那就是"天下为公，世界大同"。

"天下为公，世界大同"这一愿景，它不仅极大地展现出中华民族的伟大与善良，而且也形象地展示出中华民族的博大与公允，更彰显出中华民族内生力量的和谐与温暖。

英国著名历史学家阿诺德·汤因比曾赞叹道："就中国人来说，几千年来，比世界任何民族都成功地把几亿民众，从政治文化上团结起来。他们显示出这种在政治、文化上统一的本领，具有无与伦比的成功经验。这样的统一正是今天世界的绝对要求。"

梁漱溟在《中国文化要义》中说："中国以偌大民族，偌大地域，各方风土人情之异，语音之多隔，交通之不便，所以树立其文化之统一者，自必有为此民族社会所共信共喻共涵育生息之一精神中心在。惟以此中心，而后文化推广得出，民族生命扩延得久，异族迭入而先后同化不为碍。此中心在别处每为一大宗教者，在这里却谁都知道是周孔教化而非任何一宗教。"

世界上没有一种文明能像中华文明如此完整地存续至今。世界上没有一个国家能像中国经历了那么多的艰难困苦之后依然屹立于世界民族之林。在这方面，儒家之道厥功至伟。

## 法家之"道"

法家是先秦诸子中对法律最重视的一派，他们因主张"以法治国"而闻名。法家在认真总结道家、儒家、墨家等治国理念和方法的基础上，又专门提出了一整套更加适用于当时春秋战乱的治国方略。秦国正是因为积极采用了法家的这一套治国方略，所以在战国七雄中很快脱颖而出，成为最强大的诸侯国，并最后灭掉了其他六国统一了中国，建立了历史上第一个中央集权体制的"大一统"帝国。

法家的代表人物是商鞅、申不害、慎到，韩非子是法家的集大成者。他的思想代表着整个法家的理论。这一理论不仅与《易经》、道家和儒家的理论共同浇筑了中国两千年以来的中国文化大厦，而且还共同创立了中国两千年以来的社会的宗法制度和国家的大一统架构。

《韩非子·解老》里说："道者，万物之所然，万理之所稽也。"通过这句话，我们可以看出，法家之道的源头依然来自《易经》和《道德经》。但他们在管理国家和治理社会的认识上，以及在具体的方式和方法上，与道家和儒家还是有较大的不同。他们在治国理政上，更加突出平民性、功利性、近期性和实用性。所以，准确地说，法家之道有一部分是"王道"，但大部分是"霸道"，是属于"术"的层面，而不是"道"的境界。

法家之道或者叫法家之术，其核心是用"法、术、势"来管理国家和治理社会。

什么是法家的"法"？《韩非子·难三》中说："法者，编著之图籍，设之于官府，而布之于百姓者也。"这就是说，"法"实际上是一整套成文的国家架构、行为规范、社会准则。它是公布给民众，让民众遵守的，但同时也是规范政府行为的大法。

"法"是在"民众多而货财寡"的历史条件下，为了制止争夺的需要而产生的。韩非子认为，治国要有法，行法就要有刑有赏。由此可见，"法"是管理国家、治理社会的法则、制度，官员行为的准则和依据。法家的"法"属于治国之道范畴。

法家之所以大力推行"法"，首先旨在富国强兵。其次是出于人人都是自私自利的，这种自私自利的本性和本能只能通过"法"的外在力量才能加以制止。法家认为，"德"和"礼"可以兴国，但不足以治乱，在乱世，只有用"法"才能治国。法家提出的"依法治国"是对儒家"用礼治国"的升级，也是对治国之道又一次质的提升。

什么是法家的"术"？《韩非子·定法》中说："术者，因能而授官，循名而责实，操生、杀之柄，课君臣之能者也。"所谓"因能而授官"，就是说领导者要依据下属的能力授给一定的职权；所谓"循名而责实"，也就是说领导者一定要考察下属在做人和做事时是否形和名相符，说的和做的是否一致。所谓"操生、杀之柄，课君臣之能"，就是说君主要利用多方面的情报考察群臣的言行和能力。秦国正是运用法家之术为平民打通了升迁之路，有了改变自己命运的机会，从而极大地调动了平民参与治国的积极性。

什么是法家的"势"？《韩非子·难势》中说："尧为匹夫，不能治三人；而桀为天子，能乱天下；吾以此知势位之足恃，而贤智之不足慕也。"《韩非子·功名》中说："夫有才而无势，虽贤不能制不肖。"这里的"势"，主要是指领导者和管理者用权的合法性。

"以力假仁者为霸，以德行道者为王。"儒家治国理政侧重运用的是《周易》里的乾道和乾德，道家治国理政侧重运用的是《周易》里的坤道和坤德，而法家治国理政侧重运用的是独自发明的霸道和霸术。

法家之霸道和霸术，为秦王朝建起了法制的体系和大一统的国家架构，为中国的治国理政注入了活力，增添了更实用的方式、方法，并在中国的国土上开创了法制治之道。

秦始皇靠法家之霸道、霸术统一了华夏，统一了版图，统一了文字，统一了度、量、衡。但他也因法家之霸道的单一运用，尤其是当他统一了中国之后没有与时俱进，将霸道及时地升华为王道，变治乱为维稳，才让历史老人和他开了一个天大的玩笑。

汉朝的统治者们汲取了秦朝的教训，也看到了法家单纯运用霸道、霸术可悲的一面。所以，他们再也不敢把法家之霸道、霸术单独地运用于治国理政上，而是更多地把《周易》之道、老子之道、儒家之道和法家之道融会贯通之后，加以综合运用，这样，使中国道再一次得到了升华和丰富。

## 中医之"道"

中国古代哲学认为，天地人万物是一个整体的生命活动过程，而"道"则是贯穿于这个活动之中的根本动因和变化能量。中医从不局限于技术来理解医学，中医之术始终是自觉地站在"道"和"德"之上来把握医学，认识人体的发病之因和治愈之术。

中医虽以研究人的生命规律、人体生理病理为旨归，如用"望，问，闻、切"来诊断病人的病情，用"阴阳平衡，辨证施治"来把握病人的病情和治疗。阴阳平衡是中医之术的精髓，强调人体内部阴阳两种力量的和谐统一；而辨证施治则是中医临床治疗的核心，即根据患者的具体病情、体质等因素，制定个性化的治疗方案。这八个字体现了中医之术的整体观念和个体化治疗的基本原则。

但中医之术并不是中医的最高范畴，中医之术的最高范畴是以《周易》和老子为代表的中国古代哲学所揭示的阴阳之道和自然之道。

中医的经典《素问》就对生成天地人万物的阴阳之道作了详细解说，首先指出阴阳是天地人万物运行变化的法则和规律，所谓"万物之纲纪，变化之父母，生杀之本始，神明之府也"；进而对阴阳五行相互作用而展开的"变化之为用"给出了详细的描述，然后得出"在天为气，在地成形，形气相感而化生万物"的结论。

在今天看来，中医是以生理、病理为主要研究对象的一个独立科学门类，但在中国古人看来，人是阴阳变化和自然造化的产物，人的生老病死，必然会遵循阴阳变化和自然造化的基本法则和规律，所以，对人的疾病和健康的研究不能离开所处的自然环境。

在《道德经》里，老子最早揭示了"道"对宇宙万物生成、存在、发展以至消亡的基本法则和规律，教导人们要取法自然，按照自然之道去生活。所谓老子之道，概言之，一为"天道"，二为"人道"，两者是合"一"的，人道必须顺应天道而行。中医之"道"也包括这两方面的含义，但它以后者为主。《素问》云："至道在微，变化无穷，孰知其原！"这是说自然之道微妙难测，不能仅凭感觉感知，但天地间的一切变化又是由它发生和推动的。这个意义上的"道"就是老子的本原之道，本原之道是天地人万物发生发展的所以然。在医学上明了本原之道的所以然，可以法"道"而行，顺"道"而为，实现治病的目的；由此也就能明白疾病由无到有的发展规律，应未病先防，使疾病消弭于无形。这是老子之道对于中医之道的最大启示。

中医为什么要把中医之术建立在《周易》的阴阳之道和老子的自然之道之上？这是因为，中医认为，道与术之间有总与分、大与小、远与近、隐与显等区分。道为天地的总法则、总规律，是造化天地人万物的全过程。人的生存和发展要明道而后行道。行道不能仅停留在思想中，还必须落实到医术和医疗上，这就使得中医之术必须升华为中医之"道"。

道术合一在中医经典里经常出现。中医认为，医术作为满足人类需要的技术运用和创新必须取法于阴阳之道和自然之道，道决定术，术体现道。这就是中医区别于西医的根本之处。

金元四大医家的集大成者朱震亨就认为，"《素问》载道之书也"，明代著名医家张景岳作《医非小道记》，批评小觑医学者，认为"医者，赞天地之生者也"。

由此可见，近代之前的中医学始终是沿着道术合一的方向发展的。中医如此，实际上中国人解决生活中的各种现实问题都是如此。他们对科学技术的运用和创新始终都强调"志于道，据于德，依于仁，游于艺"。

## 几次对"道"的演变和升华

佛教刚传入中国，在原典中"道"的概念很少。魏晋南北朝时期，儒、道、释三教既碰撞，又融合。随后在中国的佛学著作中才比较多地出现了"道"的概念。

到了隋朝和唐朝，儒、道、释三教在碰撞中进一步融合，道家、儒家既批判佛教，又吸收佛教的精华；佛教也是如此，从而使佛教彻底中国化，最终形成了释家之道。中国化后的释家之道，不仅保留了普度众生之道，而且还增加了"有求必应"之道。正因为这一重大演变和丰富，才使释家在中国不仅没有灭亡，而且一直生存到现在。

随后，宋明理学又融合儒、道、释三家的精髓，"为往圣继绝学"，将隋唐以来三教兼容并蓄的文化用整合的方法落实到天理上，从而开启了中国理学之道的新时代。

朱熹是集理学之大成者，他认为道与理是不离不弃的关系：道是宏大，理是精密；道是统名，理是细目；道是公共的理，理是事事物物的理。但道与理具有不离不弃的同一性和兼容性。

再后又出现了心学之道。心学之道由陆九渊奠基，经陈献章、湛若水发扬，王守仁集大成。他们主张心即道，"心体明即道明，更无二"。王守仁认为，与心相通的"良知"，也与"道"相联通，"道即是良知"。故提出了"知行合一，致良知"的心学之道。这些理论的提出对中国"道"的形成都起到了较大的丰富和升华作用。

## 现代人对中国"道"的解读

对于什么是中国"道"，现代人做了不少各自的探讨和解读：

陕西人民出版社出版的《老子》一书对"道"是这样解读的："作为中国古典哲学中主要范畴之一的'道'，最早是由老子在《道德经》里提出来的。此后的哲学家们在解释'道'这一范畴时并不一致，有的认为它是一种物质性的东西，是构成宇宙万物的元素；有的认为它是一种精神性的东西，同时也是产生宇宙万物的泉源。

不过在'道'的解释中，学者们也有大致相同的认识，即认为它是运动变化的，而非僵化静止的；而且宇宙万物包括自然界、人类社会和人的思维等一切运动，都是随'道'的规律而发展变化。"

冯友兰先生在《中国哲学史》一书里对于什么是"道"是这样认为的："《庄子·天下》说，老子的主要观念是'太一''有''无''常'。'太一'就是'道'。道生一，所以道本身是'太一'，'常'就是不变。"

祝和军教授在《读国学用国学》一书中对于什么是"道"说了这样一段话："'道'的原初意义有两项：一、女人和雌兽的生殖器，即阴道，取其名词。二、导引，取其动词。而老子的'道'可能恰恰是取其两义，既是指孕育万物的'母体'，又指孕育万物的'生'的过程。前者为'道'，后者为'德'，所谓'道德'，即是由此而来。而老子的《道德经》也不过是由微见著，将之视为了天地运行流转的奥秘所在。正因为此，老子一方面说'道生一，一生二，二生三，三生万物'，另一方面又说'道生之，德蓄之，物形之，势成之。'"

马中先生在《中国哲人大思路》里是这样看待"道"的，他认为，"道"是独特的宇宙观，负性的认识论，反向的方法论。

何新先生在《老子新解》里对"道"是这样解释的："道是道理，是道路，也是秩序。作为哲学本体论的道这个概念之发生，首先建立于一个前提，即确信宇宙中的万象虽然是变动不居的，而其运动服从于某种不变的秩序。这种秩序好比一种固定的路径，这路径就是道。"

　　傅佩荣先生在《国学的天空》一书中对"道"是这样解读的："首先，'道'在天地之前就存在；其次，'道'可以作为天下万物的母体。也就是说，'道'是使天地万物可以存在、出现的力量。"

　　张岱年先生在《中华的智慧》一书中说："西方哲学所取得的成果可谓之'西方的智慧'。中国古代哲人志在'问道'，'道'即真理，亦最高的智慧。"

　　北京中医药大学教授张冰先生在《德与才，师道尊严的源泉》一文中说："道，既是方向、方法、规律、途径，又是价值观和学术思想体系。"

　　中国人民大学教授张立文先生在《中国哲学之道》一文中说："道为天地万物之所以存在的本原和根据；是事物必然的、普遍的、相对稳定的内在联系，体现事物根本性质；是天地万物运动变化的过程，因其自身蕴含着阴阳、有无、动静、理气、道器的对待融合；是政治原则、伦理道德规范。因此，道是中国哲学理论思维的核心概念、范畴，是构成中国哲学元理逻辑体系架构的致广大而尽精微的元始范畴。"

　　金岳霖先生认为，"道"是中国思想中"最崇高的概念"和"最基本的原动力"。张岱年先生也认为，"从战国前期直至清代，'道'都是中国哲学的最高范畴"。

　　高艳慧教授说："面对生命等哲学问题，中国文化喜爱用'悟道'一词进行诠释。'道'是对万物存在具体形式的超越，而'悟'则不同于机械理解与生硬复刻，它是对自然万物发自心灵深处的理解与体悟。"

## 何谓中国"道"？

中国"道"，是一个很难用几句话讲清的大概念。人们只能通过书本和实践慢慢领悟，慢慢搞清它。能用语言讲清的是：它分自然之道和人为之道。讲不清楚的是：它的奥妙、微妙和奥秘所在。

自然之道是一个"玄之又玄"的中国哲学概念，在中国古人眼里，它是造化天地人、万物、万事的源头活水，是天地人、万物、万事自身运行变化的内生能量和变量，是天地人、万物、万事运行变化的路径、法则、规律和特点。

人为之道包含两层含义，一是指圣人和君子治国理政之道，二是指普通人成长与成功之道，也可以说是做人做事之道。

治国理政之道是指人类效仿自然之道、顺应自然之道，并借助自然之道的能量来治理国家，管理社会所选择的道路、理念，所做的国家顶层设计、制度安排、大政方针，以及解决生活中各种问题的方式和方法。

做人做事之道是做人之根本和做事之智慧。它主要指人类效仿自然之道、顺应自然之道，并借助自然之道的能量来做人做事的原则、道理、规则、动力、定力、毅力和智慧。

我们就拿养生之道来说，对于何谓人的养生之道，《黄帝内经》就给出了这样的答案："法于阴阳，和于术数，食饮有节，起居有常，不妄作劳，故能形与神俱，而尽终其天年，度百岁乃去。"

"道不远人"，道离人很近，它存在于人们的日常工作和生活的方方面面，但道又"玄之又玄"，很难用语言和文字表达清楚，只能靠人们在实践中慢慢品味和领悟。

总之，中国"道"是天地人万物的生命之源，生存之路，成长之基，是中华文明斩不断的命脉，是真善美、科学精神与人文精神的大统一，是客观规律以及人们对客观规律的科学反映和智慧运用，是中华文明的灵魂、民族精神的精髓，是中国人独自创新的大哲学、大能量、大变量、大现象、大法则、大规律、大愿景、大路径、大思路、大理论、大思想、大智慧。

中国"道"也是中国人"致广大而尽精微"的入世之学、成长之学、成功之学。所谓"致广大而尽精微"，就是把人生看作是一个广阔而大有作为的舞台，在这个舞台上，你只要怀揣梦想，不怕吃苦，勇于思考，"知常，不妄作"，专心执著于自己所爱、所长，你就能健康地成长，正常地成功，并演绎出各种精彩的人生好戏。

## 中国"道"对成长与成功有何大用？

中国"术"对人的成长与成功的作用显而易见，有时是立竿见影。任何人只要有一技之长，一业之专，一职之能，就能生存。所以，人们都愿意主动学习中国"术"、运用中国"术"，更愿意创新中国"术"

中国"道"对人的成长与成功的作用是隐而不显，需要时间和积累，需要借助天时、地利、人和等。"道不远人"，是说中国"道"存在于人的所有生活之中。但真正要悟道、得道，则比较困难。

姚淦铭老师在《老子与百姓生活》一书中说："人要找见适合自己的成功之道，确实是有一个艰苦模糊的寻找过程。"

正因为此，有不少人在成长与成功的过程中就被挡在了"道"外，只能停留在"术"的层面上。停留在"术"上的人，虽然能做成一些事，但都做不大、做不久；他们虽然也能生存下去，但大多时候活得比较累、比较烦、比较躁，结局还不好。为什么会出现这种情况，原因是这些人永远停留在近期利益和小我这个层面上。所以，他们离"道"比较远，在成长的路上，他们始终走不正、走不稳、走不远。

我们就拿如何工作来说，你在工作时，如果有"道"的引领和总揽，你就会把工作视作实现自己人生价值的通道、桥梁和阶梯，你衡量工作的价值就会把重点放在提升你的能力和挖掘你的潜质上，而不是盯在赚钱上。这样，工作不仅能让你赚钱，而且也能让你在工作时感受到快乐，体会到你的生命价值，实现你的人生理想。

你在工作时，如果没有"道"的引领和定向，你就会把工作只视作为赚钱的工具和手段，你衡量工作的好差就会把重点放在赚钱的多与少上，甚至会钻进钱眼里爬不出来。这样，你在工作时不仅会斤斤计较，争来抢去，也会因钱多钱少而迷失你的眼睛，丧失你的眼界和格局，丢失你的家国情怀。

中国"道"是人的生命之源，是人的生存之路，成长之基，成功之本，是人的一生命运路线图。"道"对人的成长和成功具有引领性、定向性、根本性、战略性、平衡性、长远性的总揽作用。

明白了这些，并愿意笃行"道"，按"道"做人做事，就能创造大运气，改变自己的大命运。

我有一位邻居在读小学和初中时，学习成绩一直很好。1968年下乡插队时，他父亲告诉他："国家迟早要恢复高考，所以，你在插队时，一定要通过自学把高中的课补上，这样一旦恢复高考，你就不会抓瞎。"这个孩子听懂了父亲的话，也悟出了其中的道理。在农村九年，他一边劳动，一边自学高中课程。九年后，国家恢复高考，他以优异的成绩被山西大学外语系录取。大学毕业后，由于成绩优秀被留校任教，后来成了这所高校优秀的英语教授。

后来我接触的人多了之后，发现这类现象发生在一些有深厚文化底蕴的家庭还真不少。我非常佩服这些家长的洞察力和引领力。但当时我并不知道这就是中国"道"对人的成长和成功所起的引领作用和总揽作用。

## 阴阳是"道"的核心能量和变量

《周易》曰："一阴一阳之谓道"。"阴阳"是中国哲学的一个大概念，是构成中国"道"最基本的两大对立统一的核心能量和变量，是天地人万物孕育、发展、成熟、衰退直至消亡后的再生的原动力。中国古人认为，正是因为有天地、男女、昼夜、动静、刚柔、黑白等诸多的对立统一、相反相成的内在能量的运动和变化，才造化出天地人万物，才有了"生生不息"，才生发出无数的新事物、新现象。

"阴阳"二字的提出，从根本上缔造了中国人的世界观和方法论，从源头上塑造了中国人的思维模式和思维习惯，它从变化中孕育出中国人的治国理政的方略和安身立命的智慧。它更是中国人应对和解决人生诸多难题的不可或缺的密码。

《周易》告诉我们，事物之所以会不停地发生变化，是因为它们内部有"阴阳"这两种对立统一的能量在不断运行和变化着。所以，人们要搞明白事物的真相，就只有先搞清事物运行变化的"象"，也就是说看它们运行变化的进度、现象、形态等；然后再搞明白它们运行变化的"数"，也就是看事物运行变化的量变和质变；然后再深究它们运行变化的"理"，也就是事物运行变化的原理、法则和规律。只有通过对事物内在"阴阳"两种能量、变量运行变化的"象、数、理"反复观察和推理，才能搞清事物变化的真相，弄明白事物变化的道理，探究出事物运行变化的顺序、周期、节点、特点、拐点和下一步发展的趋势。

搞明白这些，才会用发展的而不是静止的眼光观察事物；才会在事物之间的彼此联系中去看待问题，而不是生吞活剥、孤立片面地认识事物；搞明白这些，才会从多个角度观察事物，从整体与个体的结合上把握平衡，而不是在单一角度、单一个体上把握平衡；才会从长远的角度去思考眼前，从眼前的进度把握长远；搞明白这些，才会产生远见卓识，从眼前的、局部的、狭小的利益中跳出来；从自我利益圈里跳出来，才能将小我升华为大我，从而做到居安思危，未雨绸缪，与时俱进，顺势而为，行稳致远。

就人的成长和成功而言，"阳"是人的动物性能，"阴"是人的神圣性能。人没有动物性能，就没有活力、张力和生命力；

人没有神圣性能，就没有定力、毅力和升华力。人只有经常保持和平衡好这两种性能，使之相辅相成、相得益彰。这样才能既保持身体健康，干起活来劲头十足，同时又懂得调整自己的心态，控制自己的欲望，调节自己的情感，顺应自然，与时俱进，适应变化，超越自己，使自己走正、走稳、走远，活得简单一些、快乐一些。

## 常识与非常识

常识是久经实践检验并被大众认可的知识。常识既包括自然之识，也包括社会之识。常识体现的是事物发展的趋势，反映的是事物的本质和事物之间的联系。

常识只能为人们的思考提供基础和支点，但决定不了人们思想殿堂的模样；常识只能为人们对事物的探寻提供出发点和终点，却不能为人们对事物的探寻找见切入点，更不能为人们对自己的人生做出适己、适时和适合的安排。

任何常识，总是以一定的客观条件为存在前提的。一旦前提条件发生变化，原来运用常识所得出的正确结论就会变得不再正确，原来行之有效的方式和方法就会不再管用。因此，正确运用常识，就必须了解常识得以成立的前提条件，领悟常识的实质与精髓，而要想把常识运用好，发挥出它的根本性作用，就必须在运用常识的实践中发现顺应自然、与时俱进、符合实际情况的非常识，用非常识来解决新问题。也就是说，在运用常识时，要师其常识的精髓而变其法度，要对常识活学活用、顺时应势、守正出奇，切不可把常识变成教条，盲目照搬套用。

非常识的生成源自日常工作和生活中不断地向书本、向他人学习，更得益于自己在实践中对常识的认知程度。一个人对常识的认知程度决定着他的人生上限。

常识由经验和学识组成。经验是常识里各种独立的识，学识是对各种独立的识的系统认识。

非常识由人的才识、器识、胆识等构成。才识是个体的才情在实践这个熔炉中将种种知识融会贯通、杂糅互化，熔炼成新的见识。才识虽然与学识同样以知识为基础，但它展现出来的已不再是常识，而是符合时代和客观要求的非常识，因而在解决问题时更具活力和才气，更管用。

器识不仅是对众多不同才识的聚合和融合，更生成胆识。李世民之所以能成为一代伟人和明君，这与他的器识和胆识有很大的关系。一位史学家说过这样一句话："论用兵制敌，没有谁能超过李靖；论辨析是非，没有人能强于魏征；论解危救难，首推敬德。"可这三位奇才，都是从李世民刀下侥幸存活下来的。

胆识是跃过了知识的初级形态，直接提炼自己个性之识和他人之识，并由这些识之坯和性之水猝然相激，浑然成形。如果说，器识的硬指标是鉴别是非、评判轻重的能力和水平，那么胆识的硬指标就是宏观指导、驾驭命运的胆略、定力、魄力和魅力。

有一个作家说："器识和胆识的生成，不仅与一个人的知识有关，更与一个人的格局、胆量、肚量、担当、勇气息息相关。器识最适合担当人生的参谋长，胆识最适合担当人生的司令官。"

一个人掌握了较多的常识，不懂得把这些常识放到日常工作和生活中去践行，并在践行中开悟和觉悟，在践行中活化、转化和升华，那这些常识永远都不会变成有用的非常识。所以，人只有把常识在实践中转化为非常识，尤其将它们升华为器识和胆识，这样才能极大地提升一个人悟道、笃道和得道的层次和境界。

## "无用之用"恰恰有大用

人人皆爱"有用之用"，而不爱"无用之用"。岂不知世间许多大用，恰恰都是从那些看似"无用之用"的事体中衍生出来的。老子说："重为轻根，静为躁君。""无用之用"恰恰是"有用之用"的根。所谓"静"，就是能耐得住孤独，能控制住脾气，静下心来只做一件事。这样的"静"是做成大事的前提。"无用之用"中常常隐藏着有大用的潜质。很多看似无用的认知、无用的相处、发呆的思考都无益于当下，无助于眼前，却能在潜移默化中给这些潜质的爆发打好基础，创造条件，提供机会，使之转化和升华成为大用。

犹太人嗜书如命，一生中会将许多时间、精力和金钱消耗在购书与读书上。这在一味追慕现实利益的人们看来，自当属于"无用之用"。可也正因为如此，才造就了庞大的犹太精英人群。

其实，"无用之用"与"有用之用"常常呈现出辩证转化和因果相依的关系。有时甚至在它们之间很难做出明确的界定。遗憾的是，在一些商业化很浓的培训机构的引导下，越来越多的家长太注重"有用之用"的培训，他们自觉不自觉地常犯拔苗助长的低级错误。一些家长在幼儿园里就希望自己的孩子成为小明星；不少学生平时不用功，考前想通过几次培训就能考出好成绩；一些文学爱好者不深入生活就想写出好作品；一些学者不通过研究和实践就想写出高水平论文。凡此种种，都是对"有用之用"和"无用之用"的误读与误解，其根由皆在于他们不明"道"，尤其不愿意笃"道"，所以他们永远得不到"道"。

有人说，人生无常，世事难料。我以为，人生是无常和有常的融合体；世事是难料和可料的结合体。世界看似不公平：有的人用谋略可以得逞，有的人靠偷奸可以得利，有的人借机可以成功，有的人得势可以冲高，有的人勤奋踏实却默默无闻。但是如果把时间拉长一点，你就会发现，这个世界真的很公平。那些名声大于才华、财富大于功德、职务大于能力、地位大于贡献的人，大都走不正、走不稳、走不远，很多人都走不到人生的尽头。

而那些明道、厚道、骨正心平、诚实做人、踏实做事的人，虽然也许有很长一段时间会默默无闻，甚至遭受冷嘲热讽、折磨和打击，但最终他们才是人生的赢家。

### 如何笃行中国"道"？

"道不远人"，"道"离人很近，经常显"象"在人们的工作和生活之中；"道"离人又较远，常常隐形在人们的工作和生活之中，让人不容易弄明白。人们在工作和生活中，常常看到的只是"道"运行变化的表象，却看不到"道"运行变化的真相。

人们要想弄明白"道"的真相，就只能在工作和生活中，通过实践慢慢去感悟它，认识它。即使是悟到了"道"，但要笃行"道"，按"道"去做人做事，也还是有很大的难度。

一个人如果悟了"道"，并能笃行"道"，按"道"去做人做事，那他就能在工作和生活中，从"有为"升华为"无为"。如果他能专心致志，循序渐进，一直按"道"精耕中国"术"，而且还能在笃行中捕捉到"道"的奥秘和奥妙，从"无为"升华为"无不为"。

笃行中国"道"，不仅是对中国"道"的践行，也是对自己按"道"做人做事功力的积累和沉淀，积累多了，沉淀厚了，就能达到无为自在、出神入化的境界，就能做到自然而然，无为而无不为。就能像庄子在《庄子·养生主》里描述的"庖丁解牛"那样，做到"方今之时，臣以神遇而不以目视，官知止而神欲行"。

我们再拿音乐家的即兴表演来说，他要想出彩，达到一种自由自在、自然而然的"道"的境界，那他就得对自己喜爱的"术"专心致志地勤学苦练，当他的勤学苦练积累到一定程度、沉淀到一定厚度之后，他才会"悟"出演奏之道。当他"悟"出演奏之道之后，他仍然能一直笃行"道"，那他的演奏就能突破瓶颈期，发生质的改变，从"有为"上升到"无为"，再从"无为"上升到"无不为"，达到一种"以神遇而不以目视，官知止而神欲行"的高境界。他的演奏一旦到了这般境界，那他的演奏技巧就成了不叫技巧的技巧，他的表演就成了不是表演的表演。他对"术"的运用，就会升华到"艺"的高度。他的表演就会收到"无为自在，出神入化"的效果，获得自然而然的轻松和愉悦，感受到笃行中国"道"

的奥妙、微妙和美妙。

如何笃行中国"道"，《周易》最早提出"天人合一"的观点，并高度重视天地人万物自身阴阳两种能量的变化和统一，而且依据它们的变化和统一来判断自己眼下的吉与凶，用自然观指导安排自己的生产和生活。

如何笃行中国"道"，荀子曾说过这样一段话："口能言之，身能行之，国宝也；口不能言，身能行之，国器也；口能言，身不能行，国用也；口言善，身行恶，国妖也。治国者敬其宝，爱其器，任其用，除其妖。"

如何笃行中国"道"，老子在《道德经》里更是强调：要"以百姓心为心"，要"惟道是从""勤而行之""处下、守柔、去甚""抱一为天下式"。孔子则强调："志于道，据于德，依于仁，游于艺。"王阳明在《传习录》里则反复强调："知者行之始，行是知之成。"要"知行合一，致良知。"

由此可见，在笃行中国"道"上，我们不仅要知"道"，更要笃行"道"，做到"天人合一""惟道是从""勤而行之""知行合一"。在笃行中国"道"时，人们既要重视理论与实践的统一性，也要重视"人努力"与"天帮忙"的对接与契合。

古人讲："谋事在人，成事在天。"这句话告诉我们，决定人的命运的关键元素，一是"人"，二是"天"，三是"人"与"天"的匹配、对接和契合。这里的"人"，主要是指人对自己的深加工；这里的"天"，主要是指成长与成功过程中的外部环境和客观条件。

透过这句话我们可以看出，不努力，就不可能成功；努力了，也不一定能成功。人不仅要明"人道"，而且还得明"天道"，并在笃行"道"时做到"天人合一""知行合一"。

明"人道"最重要的是弄明白自己的个性和个能。自己的个性和个能是由自己的先天之性和后天之性共同组成。先天之性是指自己的基因遗传，是"胎带"和"天赋"于自己的个性，长项和短板；后天之性是指自己通过努力，获得的心力和能力。人只有明"人道"，才能找到"适己之性"的生活伴侣和工作伴侣。

明"天道"最主要的是弄明白"天"是什么？中国人常说的"天"，一是指自然万物运行变化的方向、路径、顺序、现象、规律、节奏、时间点，二是指外部的自然环境、文化氛围，客观条件和时运时机，以及成长与成功过程中的重大的所见所遇。

搞明白这两个"道"是笃行中国"道"的前提。人只有明"人道"、懂"天道"，才能找对自己前行时的方向和路径，才能获得解决问题时的正解。

笃行中国"道"的根本是"惟道是从""勤而行之""知行合一"；笃行中国"道"的关键是，要做到"适己之性""尽己本分"。

人只有把握好这两个方面，才能使自己的心力和能力与《易经》中所说的"时、位、中、应"相匹配、相对接和相契合。

《易经》中所说的"时"，既是"时机"，也是时辰，更是"时运"；《易经》中所说的"位"，既是岗位，也是职务，更是角色；《易经》中所说的"中"，既是适中，也是把握分寸，适可而止，更是掌控好事物发展的"度"，尽可能做到中庸中正，适可而止。

人只有把握好这两个方面，才能使自己的心力和能力达到《易经》中所说的"通、变、用、时"的高度。

所谓"通"，就是能把古今的道理贯通，能把中西文化贯通，能把道理与现实贯通，能把理论与实际相结合；所谓"变"，就是能认清事物是怎样运行和变化的，并摸清其运行和变化的规则和规律；所谓"用"，就是能把它的道理运用到自己的工作和生活当中，以改变自己，提升自己；所谓"时"，就是在自己的成长和成功的过程中，能做到与时俱进，顺势而为，守正创新。

"适己之性"是自然之道；"尽己本分"是自觉之道。人只有把这两种"道"紧密结合在一起，才能悟出并找到属于自己的成长之道与成功之道；悟出和找到了这两种"道"，并能自觉地笃行中国"道"，才能做到不怕孤独，甘坐冷板凳，拒绝诱惑，挡住蛊惑，专心"志于道，据于德，依于仁，游于艺"。

儒家认为："天地生人，有一人当有一人之业；人生在世，有一日当尽一日之责。"人只有自觉地笃行中国"道"，才能收获健康的成长和成功，享受到属于自己的那份成长的快乐和人生的幸福。

当今社会，蛊惑人、诱惑人的东西太多，从而导致不少人常常忘记了自己是谁，自己应该过怎样的生活。他们在太多的蛊惑和诱惑下，想要的东西越来越多。有人甚至削足适履，盲目追求别人眼中的成长和成功，常常为自己难填的欲壑而殚精竭虑、辛苦恣睢，结果活得累不说，而且还过多地透支了自己的健康和生命。

人，生而不同，养而不同，育而不同，长而不同，遇而不同，成而不同，命而不同，运而不同。所以，每个人在成长和成功的过程中，只有自觉地笃行中国"道"，追求属于自己的东西，做适合自己做的事情，找与自己理念、性格、习惯匹配契合的伴侣，过适合自己过的生活，才能活得简单，活得轻松，活得自在，活得自由，活得快乐，活得坦然。

# 第五讲　中国式成长与成功的第四大要素
## ——厚积中国"德"

## 中华神话之"德"

许多人说中国传统文化的源头是《周易》，而我认为，中国传统文化的源头还应该加上中国神话故事。

为什么这么说呢？我以为，正是中国的神话故事孕育了中国传统文化的魂和根。是中国的神话故事告诉我们，天地是怎样分开的，人是怎样造出来的，中华文明是怎样开始的；中国人不是靠别人而是靠自己逢山开路、遇河架桥、与大自然同生共长的。正是这些神话故事在中国人的心目中竖起了一个大得不得了的中国"道"和中国"德"，那就是中华民族必须自强不息，必须自力更生；中华民族必须找到一条适合自己的生存发展之路。

你看，盘古为了开天辟地，让人们见到光明，在混沌的天地里边整整待了一万八千年，其中之孤寂、阴冷有多难熬，又有多少人能理解。

你看，女娲为了补天，让老百姓少受一些苦，竟然炼了三万六千五百零一块石头，时间之长、困难之多可想而知。可她硬是挺起瘦弱的身，用纤细柔弱的手托起硕大无边的天，进而慢慢地补。

你看，精卫为了不让更多的人溺海而亡，自己变成了一只鸟，每天从山上衔石头和草去填海。她以日日夜夜的点点滴滴，挑战着无法想象的渺茫和浩瀚。

你看，夸父为了不让毒辣的太阳烤死庄稼，晒死树木，让族人活下去，于是开始逐日的征程。

你再看看中国传统文化里的"后羿射日""女娲造人""钻木取火""愚公移山""哪吒闹海""孙悟空大闹天宫"等神话故事，这些故事里的所有过程都是漫长的、艰难的，但故事里的主人翁为实现自己的理想，他们的出发点始终是善良的，意志是坚定的，行动是和缓的，甚至是愚钝的，但又是神圣的。他们忍辱负重，不折不挠，积淀的是一种既厚重而又坚实的能量，那就是中国"德"，培育的是一种不怕艰难困苦、自强不息、勇于奋斗、久久为功的中国精神。

美国哈佛大学神学院教授大卫·查普曼在一场讲座中，向台下近千名学生解读中国神话故事，并不下十次用激情的语调总结中国神话故事的内核。他说：

> 我们的神话里，火是上帝赐予的；希腊神话里，火是普罗米修斯偷来的；而在中国的神话里，火是他们钻

石取火坚韧不拔摩擦出来的！这就是区别，他们用这样的故事告诫后代，如何与自然作斗争！（钻木取火）面对末日洪水，我们在诺亚方舟里躲避，但在中国的神话里，他们的祖先战胜了洪水，看吧，仍然是斗争，与灾难作斗争！（大禹治水）

如果你们去读一下中国神话，你会觉得他们的故事很不可思议，抛开故事情节，找到神话里表现的文化核心，你就会发现，只有两个字：抗争！假如有一座山挡在你的门前，你是选择搬家还是挖隧道？显而易见，搬家是最好的选择。然而在中国的故事里，他们却把山搬开了（愚公移山）！

可惜，这样的精神内核，我们的神话里却不存在，我们的神话是听从神的安排。每个国家都有太阳神的传说，在部落时代，太阳神有着绝对的权威，纵览所有太阳神的神话你会发现，只有中国人的神话里有敢于挑战太阳神的故事：有一个人因为太阳太热，就去追太阳，想要把太阳摘下来(夸父追日)。当然，最后他累死了——我听到很多人在笑，这太遗憾了，因为你们笑他自不量力，正是证明了你们没有挑战困难的意识。

但是在中国的神话里，人们把他当作英雄来传颂，因为他敢于和看起来难以战胜的力量作斗争。在另一个故事里，他们终于把太阳射下来了（后羿射日）。

中国人的祖先用这样的故事告诉后代：可以输，

但不能屈服。中国人听着这样的神话故事长大，勇于抗争的精神已经成为遗传基因，他们自己意识不到，但会像祖先一样坚强。因此你们现在再想到中国人倔强的不服输精神，就容易理解多了，这是他们屹立至今的真正原因。

我很敬佩大卫·查普曼教授对中国神话故事的深刻理解和高度解读。大卫·查普曼教授说得很对，正是中国神话故事为中华民族找到了一条最适合自己的生存和发展之道，那就是中国"道"；正是中国神话故事为中华民族培育了一种能战胜各种艰难险阻、不断夺取胜利之德，那就是中国"德"。

## 《周易》之"德"

《易经》本来是一本用来占卜的书。后来孔子通过作《易传》，将《易经》变成了严肃的人生哲学、人生智慧。并将《易经》之术升华为《周易》之道，更把占卜之术演化成为《周易》之德。

孔子通过研究《易经》发现，人们对《易经》的运用事实上有三种境界，那就是"占、数、德"。

所谓"占"，就是按照《易经》提供的方法进行占卜，通过卦义和爻辞来判断自己当前的吉凶，做出合适或者是恰当的选择；

所谓"数"，就是通过占卜不仅判断自己的吉凶，而且通过研究卦义和爻辞，让自己明白其中的道理，知道自己下一步该怎么做，需注意些什么。

　　所谓"德"，就是通过参照《周易》之理，用来修身，使自己的行为"与天地合其德"，也就是说用《周易》之德去争取自己成长与成功之"得"。

　　《周易》之道集中表现在乾卦与坤卦运行变化中的"象、数、理"上。而《周易》之德则集中体现在对"象、数、理"的运用上，而运用得怎样，全取决于自己的"德"能否将自己对"术"的运用达到"通、变、用、时"的高度。

　　《易传》说："德不配位，必有灾殃"。这里的"德"，是指自己的先天禀赋与后天修养，以及在实践中所形成的心力和能力。这里的"位"，就是指你的后天所得，如角色、职务和名誉等。"配"就是指你的心力和能力是否与你的后天所得相匹配。如果不能匹配，那这些所得反而会给你以后的成长和成功惹出诸多的麻烦，带来意想不到的祸害。

　　祝和军教授在《读国学用国学》一书中说："孔子解读《易经》是带着目的的。他要在《易经》中读出他自己所需要的东西，即要从里面读出人文，读出属于人自己的力量，而不是占卜以祈上天赐福和保佑。这种人文的力量，在孔子看来，就是'德'。"

**儒家之"德"**

　　孔子在解读《易经》时，从"卦义"和"爻辞"的微言里不仅读出了中国大道，而且还发现了中国大德。他发现："德"和"神"是两种不同的能量。前者靠人自身的修炼和积淀，后者则靠占卜和祭祀。人们占卜和祭祀越多，越说明你对"神"的依赖越多，而对自身的依靠就越少；对自己的依靠越少，自己的德行就越减。正是这一重大发现，才使孔子从占卜术中走出来，走向了演德、修德之路，并通过作《易传》，使《易经》之术提升为《易传》之道，最后演变升华为《周易》之德。

孔子从《易经》中看到：通过演德和修德，周文王不仅"内得于己"，而且"外得于人"，使周朝用"德"灭了商朝。看到这些，孔子决心把演德、修德变成自己终生的精神追求。决定用自己的行动"克己复礼""述周公之训""复周公之礼"。

但是，当孔子沿着这条演德、修德之路往下走的时候，他才发现，自己演德、修德所面临的处境和环境已经与周文王时代大不相同了。他所处的时代，世道已经变得礼崩乐坏，王室衰微，兄弟成仇，父子反目，整个社会发生了很大的变化。在这个时候，继续全盘演绎文王之德，就很难实现自己所尊崇的"老者安之，朋友信之，少者怀之"的理想（《论语·公冶长第五》）。

所以，孔子只能与时俱进，顺应时代的潮流，赋予"德"新理念、新内容和新能量。于是乎孔子与他的弟子们不仅著了《易传》，而且还著了《论语》。尤其是从汉武帝"罢黜百家、独尊儒术"之后，孔子的继承者们，特别是孟子，将孔子的思想、理想进一步发扬光大，使儒家之"德"演化成为国家之德。

儒家所倡导的"仁、义、礼、智、信、勇、敏、忠、恕、孝、悌、温、良、恭、俭、让、宽、中、和"等，这里的每一个字既是儒家的思想和理想，也是儒家做人和做事的标准和方法，更是儒家在做人和做事时所表现出来的素养、教养、学养、修养和涵养。

儒家不仅继承和发扬了《周易》的法天之德，要求人与自然和谐相处、同生共长。而且还创立了个人志向之德。儒家的志向之德有这么几层含义：

最低一层是先做一个好人，让周围的人尊重你；稍高一层是当一个乡贤，以引领和影响周围的社会风气，为周围人的成长和成功创造一个好氛围、好环境；再高一层就是当个好官，以实现"老者安之，朋友信之，少者怀之"；更高一层就是"立德、立功、立言，三不朽"；最高一层是实现"齐家、治国、平天下"的伟大抱负。

与此同时，儒家还创新出治国理政之德和"乐以忘忧"之德。儒家治国理政之德的特色是"以民为本""为政以德"，执政者要"修己以安百姓"。孔子主张执政者要"养民也惠""使民也义""因民之所利而利之"。

儒家"乐以忘忧"之德的特点是：对精神的追求和享受远远大于对物质的追求和享受。在儒家心目中，一切高远的理想，都应该建立在朴素的起点上。儒家所要的并不是物质生活的奢侈，他们更看好"安贫乐道"和"乐以忘忧"，儒家更注重心灵悠游上的丰富。孔子认为，如果能把自己修炼成君子，那么吃着粗粮，喝着白水，弯着胳膊当枕头而卧，乐也在其中了（"饭疏食，饮水，曲肱而枕之，乐亦在其中"）。儒家还认为，有了"采菊东篱下，悠然见南山"这样一种心灵的悠游，再平常、再平淡的生活也能给人带来快乐和幸福。

如果没有儒家的"安贫乐道"和"乐以忘忧"之德，陶渊明绝对写不出"问君何能尔，心远地自偏"的绝世佳句；王勃也不会喊出"所赖君子安贫，达人知命。老当益壮，宁移白首之心，穷且益坚，不堕青云之志"这样的豪迈语言。如果没有儒家安贫乐道之德，就不会找到生活的依托，人生的起点，心灵的储备，快乐的密码，前行的护栏。

透过儒家的演德和修德，我们不难看出，儒家所演、所修的"德"，更侧重于《周易》里的乾德，而不是坤德。儒家对《周易》里的乾德做了最全面、最温暖、最淋漓尽致的诠释、发展和丰富。我不知道儒家这样做是有意为之，还是天地之造化。奇怪的是，儒家演德、修德之欠缺，恰恰又让老子之"德"给补上了。


## 老子之"德"

《道德经》是一本最早研究道和德的专著。老子在这本专著里不仅提出了玄德、孔德、广德、常德、上德、下德等"德"的概念，而且还对什么是"德"做了许多精彩的描述和比喻。尤其是对《周易》里的"坤德"做了前所未有的大丰富和大发展。

在第一章里，老子把自然之道看作是"玄之又玄"、说不清楚的"众妙之门"。在第十章里，老子又把自然之德称之为"玄德"。老子认为，自然之德与自然之道一样，都是很"玄"的东西，人们很难用语言说清它们，但它们又确实存在，且神奇而又伟大。自然之道化生万物，自然之德养育万物，却不视为己有，也不独自享受。这种大道、大德确实大得不得了。（"道生之，德蓄之。""生之蓄之，生而不有，为而不恃，长而不宰，是谓玄德。"）

老子在《道德经》开篇就告诉人们："故常无欲，以观其妙。"

紧接着在《道德经》的第二章又告诉人们："是以圣人处无为之事，行不言之教。"再接着老子在第七章里又告诉人们："非以其无私邪？故能成其私。"

老子认为，人只有向自然之德学习，拥有了"无欲""无为""无私"这三种大德，才可以观察到自然之道的真相，探索到其中的奥秘。才能"道法自然"，才能"处下、至柔、至虚、守静、守朴、去甚、去奢、去泰、示弱和不争"；才能像水一样做到："居善地，心善渊，与善仁，言善信，正善治，事善能，动善时，夫唯不争，故无忧。"

老子之所以反反复复极力地推崇"道法自然""处下、至柔、至虚、守静、守朴、去甚、去奢、去泰、示弱、无私、无为、不争"这些"玄德"，也就是《周易》里的"坤德"，目的就是让大家知道，《周易》里的"坤德"比"乾德"更接近自然，更有益于人和万物共生共长，有益于国家和社会的长治久安，有益于人类自然、自觉、健康、正常地成长和成功。而且用这样的"德"获得的成功，很少产生成功并发症和后遗症。

## 中医之"德"

在中华民族几千年的发展中，无数古代中医，为了济世救人，曾经殚精竭虑地思考防病和治病的理念、材料和方法。他们之中的不少人，往往都是因为自己或者家人的病痛而开始接触医学，在行医的过程中，见到了百姓患病的痛苦，生活的艰难，才把对家人的小爱升华为对众生的博爱。他们怀着大慈恻隐之心，誓愿普救含灵之苦，最终成为一代苍生大医。同时也为中华民族积淀和浇铸出伟大的中医之"德"。

这些大医，他们用天然的材料、简单的手段、低廉的成本为老百姓防病治病。这种精神，这种智慧，这种德行，看似简单，其实一点也不简单，它是中华民族伟大的瑰宝。任何一个领域的人如果拥有了这种精神，这种智慧，这种德行，那他的眼界、格局、情怀和境界都会升华到一个很高的层次，他的才华定会在工作中发挥出巨大的作用。他本人也会成为"大者""远者""圣者"。

## 何为中国"德"？

中华神话故事孕育了"爱民、无私、无畏、不怕寂寞"的抗争之德；《周易》孕育了"天人合一""顺天应人""自强不息、厚德载物"的法天之德；老子孕育了"道法自然""以百姓心为心""无私、无为、处下、至善、爱民"的自然之德。儒家孕育了"仁、义、礼、智、信""安民，为民"的自觉之德；中医孕育了用最自然的原材料、最简单的手段、最低的成本济世救人之德。正是这些不同而又大同的中华之德，才使得中国之"德"与西方之"德"从源头、向度和境界上逐渐区别开来，并各领风骚几千年。

中国"德"非常注重取法自然，顺应自然，遵循规律，主动承担自己肩上的责任，担当自己头上的使命，格外注重"知人""知己"和"修己"。中国人不是不谋个人的成功和幸福，而是把个人的成功和幸福与家国、民族、天下一起去谋。所以，在中国人眼里，世界不是狭小拥挤的，而是宽广博大的；人世间不是处处充满了冷酷、竞争和博弈，而是到处都有温暖、关爱和合作。

中国古代哲人始终把"道"与"德"放在一起去理解、把握和运用。所以，今天我们对中国德的理解、把握和运用，一定要秉持传统的深度，艺术的高度，现代的广度，这样，才能入古出新，融会贯通，准确理解、把握和运用好中国"德"。

那么，到底什么是中国"德"？

中国"德"是一个内涵和外延非常宽泛的词。中国"德"是中国人做人的底色、底气和底线，做事的底力和功力；是自己与家人、他人、组织相处和共事的资质、资本和信任度；是一个人对自然之道的敬畏、忠诚和笃行力；是一个人的素养、学养、修养和涵养的总概括；是一个人对组织制定的准则和法则的高度认可和自觉遵守，是自己对情绪和情感良好的控制力；是对成长中的"事"、生活中的"天"和生命中的"命"自觉理性、智慧把握、平静对待、坦然接受的一种悟力、定力、毅力和心境。中国"德"是中国式成长与成功人的底色、底气、底力、底线和精气神。

中国"德"是由人的"德心、德性、德能、德行、德习"五大重要元素共同组成。"德心"决定着一个人做人做事的底色、底气、底力、骨气和功夫；"德性"决定着一个人做人做事的眼界、情怀和格局；"德能"决定着一个人做人做事的层次和境界；"德行"决定着一个人做人做事的自然的回报；"德习"决定着一个人一生的好命运。

**不简单的《三字经》**

在上千年的传播中，《三字经》之所以受到中国人的喜爱，是因为这本书通过许多简单的道理和具体的事例告诉人们：人的成长和成功，首先要从娃娃抓起，必须从小打好做人的底色和做事的底气，系好他们人生的第一道扣子。

这本书不仅强调"人之初，性本善。性相近，习相远。苟不教，性乃迁。教之道，贵以专。"而且更强调家长首先要教会孩子们如何做人。

孟母通过三次搬迁，终于给孟子找到了有利于成长的好环境，同时也教会了孟子如何"择善"。孟母通过断机杼不仅使孟子收住了玩心，而且还教会了孟子在学习上树恒心。

窦燕山通过对家中失窃一事的处理，教会了孩子们如何行仁，通过自己捡到别人丢失的贵重物品一事的处理，教会了孩子们如何行义。

中国教育的本质是：以上带下，培根铸魂，立德树人，培养一个德智体美劳全面发展，对家庭、团队、国家、社会有用的人；中国教育的主体是：父母、老师、团队、社会。父母着重教孩子明是非，辨善恶，学会做人；老师着重教学生明道理、学知识，学会思考；团队着重教队员学技能，懂配合，善做事；社会着重教公民尽义务，勇负责，敢担当。

中国古代哲人在养育孩子时最注重的是立德树人，而不是立识做事。这不是中国古人不重视知识，不重视科技，而是中国古人早就认识到：人的聪明、才学和技能，失去"道"的引领、定向、匡正、总揽和平衡，失去"德"的支撑、强基、固本和掌控，就会变成害己和害人的利剑，变成可怕的潘多拉魔盒。

所以，中国古代哲人从小就要求孩子"黎明即起，洒扫庭院，内外整洁，礼貌待人"，这几项看似都是小事，但这都是今后居家过日子的基本功，孩子们一旦从小养成了这些好习惯，无形中就有了责任性和使命感，就会为自己今后的成长和成功立住根本，打好底色和底气，练好基本功，配备好行稳致远的压舱石。

## 中国"德"有何大用？

对于中国"德"有何大用，中国古人说："宇宙为巨钟，道德为轴心，万法为齿轮。齿轮赖轴心而运转，万法依道德而周流。天地若失道德，则赛时失序，八方错位，星河乱流，日月无光；社会若失道德，则伦常倒错，信义滑坡，世风沦堕，社会将变得无异于鬼蜮。"

经过近三十年的研究和探讨，我发现，中国"德"对人的成长和成功主要有以下八个方面的作用：

第一，中国"德"对人的心力、能力能起到强基、固本的作用，能为人的成长和成功打基础、立框架，把做人的底色打正、把做事的底气打足。

第二，中国"德"能为每个有上进心的人实现自己的理想、信念铺路架桥，能为人的一生创造运气，把握运气，以促成自己命运的改变。

第三，中国"德"能为人的一生起到保驾护航的作用，能帮助人加强对自己性情、性格、情绪、情感的控制、表达、运用和升华，使人能处理好自己与他人、自己与家庭、自己与团队、自己与国家的关系，使人的成长和成功顺畅、通达。

第四，中国"德"能为人的前行不停地打气提神，能挖掘出自己深藏的潜能，把自己人生中的许多不可能变成可能，把自己前行中的"危"变成"机"，帮自己在变局中开出新局。

第五，中国"德"能使人养天地之正气，学会知止和知足，在成长和成功的过程中，不仅能管住自己，还能不断地升华自己，使自己不会为了蝇头小利忘记自己的初心和使命，也不会因一时一事的成功而冲昏头脑，骄傲自满。

第六，中国"德"能帮人抵得住清贫、守得住寂寞、耐得住孤独，能使人变得有耐心、恒心，有定力、毅力，有责任心和使命感，能使人吃下别人吃不下的苦，能经受住各种各样的打击和折磨。

第七，中国"德"能帮人将科技的运用升华为艺术，能将人的聪明升华为智慧，能将各种"无为"的积累升华为"无为而无不为"；能将各种"无用"的沉淀升华为有用的绽放。

第八，中国"德"能让平凡的人生升华为不平凡，能使人把简单的生活过得不简单。能使人超越自己的动物性和功利性，使之升华为道德性和神圣性，能使平凡人成长为不平凡的人。

## "培根之学"与"枝叶之学"

日本当代著名学者冈田武彦在《王阳明大传》一书的前言里写道："西方哲学重理学，东方哲学重情感。如果我们把哲学思想比喻成一棵大树，那么阳明的东方哲学就可以看作是对根的培养，而西方哲学则是对枝叶的探求。学问有本末之分，阳明哲学乃'培根之学'，西方哲学乃'枝叶探求之学'，何为本，何为末，各位读者要切记。"

王阳明哲学，是将中国的"道"和中国的"德"结合得最紧密、最精彩的"心学"。这种学问，不仅是"培根之学"，而且也是对人生的根本之解。人只有在成长和成功的过程中，厚积中国"德"，通过加强对自己"德心、德性、德能、德行、德习"的长期修炼和自觉养成，你就能自觉做到"知行合一，致良知"。确保你自然、自觉、健康、智慧、正常地成长和成功，并能支撑你一路走正、走稳、走远。

## 修炼人的"德心"

任何人的"心"原本没有善恶之分，关键看用什么思想去引领，用什么颜色去浸染。如果你用大道明心，大德浸染，自然这颗心就会产生善心、公心、爱心、孝心、上进心、责任心、担当心、知耻心、敬畏心、知止心、宽容心……如果用名利蒙心，物色熏心，自然这颗心就会产生私心、贪心、术心、机心、贼心、歪心、邪心、黑心、偏心、欺骗心、狠毒心……

对于平常人来说，"德心"主要是由进取心、敬爱心、感恩心、节制心和"惟道是从"的自觉心组成。懂得敬畏和感恩天地万物，才不会轻易伤害天地万物；懂得进取，敬业，努力工作，工作不仅会馈赠我们工资，而且还会馈赠我们宝贵的经验、良好的训练以及才华的展现；懂得敬爱和感恩父母，才不会轻生，更不会不孝；懂得敬爱和感恩团队，才不会祸害他人和团队；懂得敬爱和感恩家国，才会自觉担当起家国赋予他的责任和使命。

明代文人陈继儒在《小窗幽记》里有这样一句话："心无机事，案有好书，饱食晏眠，时清体健，此是上界真人。"人生在世，不求最多，只求恰好。人如何做到"恰好"？关键是修炼你的"德心"。人有了"德心"，就会对自己的"野心"和欲望有所节制，就会平衡好自己的动物性能和神圣性能。

对于领导者而言，"德心"就是"以百姓心为心"，自觉地做到爱民、为民、恤民。中国古人讲"民意如流水""民心大于天"。民心是指百姓的根本诉求和长远利益；民意是指百姓的一时一事、所求所想。由此可见，管理者在工作中既要顺民意，更要得民心。

"德"是对自然之道的敬畏和笃行。"德心"就是一个人对道的忠诚之心和自觉依道做人做事的恒心、耐心和毅力。

有了这样的恒心、耐心和毅力，做人就有了底气和骨气，做事就有了底线和底功。有了这四个"底"字，就会对团队制定的准则和法则做到自觉遵守，对情绪和情感就会适度地控制；对成长中的"事"、生活中的"天"和命运中的"命"，就会理性看待、智慧把握、平静对待、坦然接受。

在人的成长和成功中，有一些自己掌控不了的事，甚至是无可奈何的事，遇到这种情况，你只能坦然接受。古人云："认命才能改命。"也许正因为你能坦然接受，或许你又给了自己改变命运的机会。苏轼正是因为被贬黄州，司马迁正是因为受了宫刑，才使他俩由政治低谷走上了一座文化的高峰。

"德心"还是一种好心态、大情怀、高境界。有"德心"的人活得心平气和。他会帮助他人，不会欺凌他人。所以，他活得轻松、简单、清净、快乐。没"德心"的人，他的心就会不平，气也不顺。这种人即使在平常日子里，不弄出点事来，不折腾别人，就浑身不舒坦。所以，他们一直活得闹心、复杂、急躁、不快乐。

人在日常生活中，只要经常修炼自己的心，并能学会感恩，学会奋斗，学会合作，学会自律，学会看开，学会看淡，学会知止，学会知足，学会放下，学会居安思危，学会半糊涂，学会接受无可奈何，自觉地按中国"道"做人做事，那么，时间久了，他的心就会慢慢地由"野心"修炼成"德心"。

## 升华人的"德性"

人的"性"由性别、性质、性情和性格四个方面共同组成。

性别是指人的男女之别。人有了男女之别，也就有了男女之德。男人有了男德，才会变得阳光、健康、自强、勤奋、大气、能吃苦、肯负责、敢担当，才会生出三气：大气，胆气，志气；女人有了女德，才会变得温柔、和顺、包容、勤快、守成、肯忍让、善持家，才会生出三容：笑容，宽容，仪容。

性质是指人的本性、本质、体质和气质。由于受家族的基因遗传和后天修养和磨炼不同，所以，人与人的性质和气质有较大的不同，而这些不同又极大地影响一个人的思维和行为、形象和风格。

性情是指人的动物性能和神圣性能比例的不同而产生的各种不同的情绪、情感、情调和情怀，这些对一个人的做人和做事的境界都会产生很大的影响。

性格是指人因自己的动物性能和神圣性能平衡程度的不同而产生的不同格局和格调。一个人的格局大与小、格调雅与俗，不仅决定着一个人的事业能做多大，能做多好，而且也影响到他的为人处事。

人在成长和成功的过程中，若能自觉地用自己的道力和德力管控和升华自己的性质、性情、性格，使自己的动物性能和神圣性能经常处于平衡状态，那他做人做事的层次和境界都会发生很大变化；他本人也会由小我升华为大我；他的气质也会变得清明在躬，气志如神；他的行为也会变得温润儒雅，品位不俗。

许多人就是因为自己的道力和德力不足，所以导致自己经常为了一个职务、一份奖金、一些东西、一份情感和自己的面子等停不下来，斤斤计较，纠缠其中，想不开，放不下。甚至为了他人的一些闲言碎语而苦恼、犯愁、发怒、纠结，时间久了，自己的心就会被这些东西折磨得千疮百孔。

大道至简。人因为不明道，又缺德，才使自己的欲望越来越多，才会把生活越过越复杂。假如一个人能"悟道""立德"，就能把自己心里的"火"变成"水"，把生活和工作中的许多"烦"变成"顺"，主动给自己的生活做减法，将自己的心清零。这时的你，就再不会被那么一点点的功利所左右，被那些本来微不足道的恩怨所纠结，被那些假的、虚的情感所折磨，被那些闲言碎语所捆绑。你的心就容易静下来。心静了，烦就少了；心静了，判断、抉择就会趋于正确，行动就会趋于顺畅、通达。

## 提升人的"德能"

人的成长和成功，不仅离不开对自己动物性能和神圣性能的平衡，同时，也离不开对自己"德能"的修炼与升华，更离不开对自己潜能的开发和挖掘。

有位哲人说："本能像座火山，调控得好会给人带来生存发展的动力和幸福，把控不住则会给人带来灾难。"而"德能"恰恰是升华和调控本能最好的动能。

北宋史学家司马光说："才能者，德之资也；德能者，才之帅也。"由此可见，与才能相比，德能更为重要。重才能而轻德能的人，在做事时，一是容易犯急功近利的毛病，二是容易犯胡来、瞎搞等错误。

在成长和成功的过程中，只有不断地修炼和升华自己的"德能"，挖掘自己的潜能，才能使自己守得住清贫，耐得住寂寞，抵得住诱惑，冲得出困惑，经得住打击，容得下委屈，放得下身段，使自己的心力、能力得到最大的提升和发挥。

我有一个同学，刚参加工作时，被分配到了机修车间学习铸造。但他本人不喜欢这个工种，他喜欢焊工。所以他私下给自己定下一个奋斗目标，那就是一定要当一名优秀的焊工。

他刚进厂时曾向人劳科说过调换工种的想法，但人家没答应。

对此，他并没有灰心丧气，而是在本组干完活之后，就跑到焊工组去看焊工师傅们如何焊接。星期天还悄悄买了几本焊工技术书啃了起来，拜了一名焊工当师傅。就这样坚持了好几年。全车间有一次组织技术比武，他主动报名参加了焊工技术比武，结果得了第一名。正因为这次比武，他被调换到了焊工组当了焊工。自从他当上焊工之后，他更是刻苦练习，别人不愿干的苦活和难活，他都主动揽下。没几年，他干出来的活儿，谁见谁爱，成了全厂焊工技术上的大拿，受到全厂人的尊敬。

他为啥能成？为啥能受到人们的尊敬？就因为他找到了适合自己个性和特长的志向，并愿意在提升自己"德能"上下功夫。也就是说，是自己"德能"的提升和潜能的挖掘为实现他的志向插上了强劲的翅膀。

## 修养人的"德行"

所谓"德行"，用老子的话说就是"惟道是从""勤而行之"。用王明阳的话说就是"知行合一，致良知"。用现代语来讲就是按"道"办理，实事求是、实在加实干。

多次读《墨子》，我深被墨子重视"德行"所折服。有朋友劝墨子，天下"食者众而耕者寡"，你何苦还要坚持呢？墨子则说，譬如一人有十个儿子，九个好吃懒做，只有一个儿子尽力耕田，那他更应该努力耕田才对。现在大家都不肯做有德行的事，我们更应该多做些才好。

在一般人眼里，墨子如此重视"德行"的理由近乎偏执。面对大家都不干的局面，许多人都会想：别人都不干，凭什么就该我干？然而问题就在于，如果每个人都以他人的选择作为自己行动的前提，那人还何谈优秀和卓越，社会还何谈进步和文明。这就是墨子为什么如此重视"德行"的意义之所在。

中华民族之所以不被灭绝，中华文明之所以没有中断，中华复兴之所以有很大的号召力，其根本原因就是因为在中华上下五千年，始终有那么一批又一批像孔子、孟子、墨子一样"德行"很高的人一直存在着、坚持着、努力着、引领着大众。他们不管别人怎样，他们始终"唯道是从""勤而行之""知行合一"，甚至"知其不可而为之"。

浩浩青史，"一代代中华儿女耒耜稼穑，耕海牧渔，篁舍论道，黄卷探幽，于栉风沐雨中探宇宙之妙，于幽暗熹微里传智慧薪火，于艰难险阻中寻找民族复兴之路，方才铸就了中华民族博大精深的文化，成就了中华民族光耀千载的文明，孕育了中华民族自强不息的性格，找到了具有中国特色的社会主义大道。"（关铭闻《写在中国国家版本馆开馆之际：汇泱泱之脉与日月同辉》）

### 养成人的"德习"

工作和生活中，一些细小的习惯，看似不经意，实则力量无穷。好的习惯，能成就一个人，坏的习惯，足以毁掉一个人。长期修养好的习惯，足以改变一个人的命运。这就是"德习"的力量。

所谓"德习"，就是指人的好习惯。有人说："性格决定命运。"其实，一个人的成长和成功，不仅取决于人的性格的升华，更取决于一个人好习惯的养成。一个人的命运是由自己工作和生活中无数个细小的习惯造就的。

优秀者之所以优秀，之所以能走正、走稳、走远，其根本原因是：他们的优秀都是长期修养"德心""德性""德能""德行""德习"给自己带来的"德报"。这种"德报"不是外在之物的获得，而是人内生动力的提质和精神境界的升华所导致。

## 中国"德"在当代的现实意义

"天下熙熙皆为利来"，而唯有"术"能给人带来最快的"利"。所以，人们最愿意学习"术"、运用"术"、创新"术"，尤其愿意运用异"术"。

"天下攘攘皆为名往"，而唯有"化"能给人带来更大的名气，更大的面子，更多的虚荣。所以，人们最愿意运用"化"、创新"化"、实现"化"，甚至不惜异化。

人们在为名利打拼奔波的时候，往往会忘记所有的"利"必须用"义"来引领和掌控，所有的"名"必须用"德"来支撑和保护。

没有名利的吸引，大多数人在工作和生活中就会失去激情、动力和张力；但没有"义"的引领和掌控，没有"德"的积淀和支撑，那人们对名利的追逐，就会迷失方向，失去定力、毅力和根基，人们对"术"的运用和创新，对"化"的运用和实现，就会忘记自己成长的初心，背离自己奋斗的初衷，使自己变得越来越自私、贪婪、胆大妄为，很难保证自己的人生之路走正、走稳、走远。

中国古人讲，人生有四大"天规"要遵循，那就是：名声不能大于才华；财富不能大于功德；职务不能大于能力；地位不能大于贡献。

很多人并不知道，人世间所发生的大大小小的天灾人祸，多数是大自然对人类不遵守"天规"的警示和惩罚。在这方面，西方发达国家尤其是美国应该承担更多更大的责任，他们的未来也必将受到更多更大"天规"的惩罚。

正是由于西方发达国家过分地运用和创新"术"，过度地实现资本化和权贵化，使人类过早地进入了一个"术"和"化"不断加速迭进的时代。这个时代的到来，究竟是福还是祸？已经引起越来越多哲人们的警觉和反思，也必将引起大自然更多的报复。

李约瑟在他的全集中有一种说法，他说："近代科学技术每天都在做出各种对人类及其社会有巨大潜在危险的科学发现，对它的控制必须主要是伦理和政治的，也许正是这方面，中国人民中的特殊天才，可以影响整个人类社会。"

达沃斯论坛坛主施瓦布在《第四次工业革命》里也提出了自己的忧思："第四次工业革命来临之际，我们需要反思我们的经济、社会和政治体制……不管在国家层面还是国际层面，用于管理创新成果的传播、减缓颠覆性影响力所必需的制度框架都远远不足，甚至完全缺位。"

王华玲、辛红娟教授在《〈道德经〉的世界性》一文中说道："在全球化日益推进、文化冲突、种族冲突不断发生的当下，越来越多的西方学者关注中国典籍《道德经》，结合各自的社会历史境遇赋予道家思想以世界性意义，使之有效参与人类文明的互鉴与互惠。"

现在，已经有越来越多的人认识到：人类的生存和发展，不仅需要西方"术"，而且更需要中国"术"；不仅需要西方式现代化，而且更需要中国式现代化；不仅需要西方"道"，而且更需要中国"道"；不仅需要西方"德"，而且更需要中国"德"；人的成长与成功，不仅需要西方式成长与成功，而且更需要中国式成长与成功。

在这样的大背景之下，中国"德"必然会得到前所未有的发展和运用，这样的机遇是世界人民对中国"德"的自然认可，更是时代潮流和历史发展对中国"德"的必然选择。

## 第六讲　中国式成长与成功的第五大要素
### ——善用中国"化"

**"化"是当今最抢眼的一个字**

随着全球化、信息化、网络化、智能化、数字化的发展，"化"成为当今最抢眼、最时髦、最诡谲的一个字。

最初，我喜欢"物化"和"化物"这个极其奥妙的变化过程。后来搞了管理工作，才认识到"化"在企业管理过程中的神奇功能和重要作用。也正因为此，我又渐渐喜欢上了"人化"和"化人"的转化和升华过程。你看，人的一种大胆的思想、一种巧妙的构思，或改变了建筑，或改变了产品，或改变了工具，或改变了机器，或改变了人，甚至改变了一个民族和国家的命运。

大家都知道，春秋战国时期，"田畴异亩、车涂异轨、律令异法、衣冠异制、言语异声、文字异形"，社会和文化呈现多元和混乱状态。秦始皇统一天下后，废除了分封制，实行了郡县制，并进行了一系列整齐划一的文化整合，如"书同文""车同轨""度同制""行同伦""修秦律"。到了汉代，以儒家思想为主，整合法家、道家、墨家和兵家的思想，进一步形成了中华主流价值观和伦理道德。

春秋战国时期，"田畴异亩、车涂异轨、律令异法、衣冠异制、言语异声、文字异形"，社会和文化呈现多元和混乱状态。秦始皇统一天下后，废除了分封制，实行了郡县制，并进行了一系列整齐划一的文化整合，如"书同文""车同轨""度同制""行同伦""修秦律"。到了汉代，以儒家思想为主，整合法家、道家、墨家和兵家的思想，进一步形成了中华主流价值观和伦理道德。

中华民族为什么能够崛起于世界？中华文明为什么能够世代延续？我想主要功劳之一与秦汉以来的社会和文化的融合和整合是分不开的。

实践证明，经过高度文化整合和融合的国家，不仅具有很强的凝聚力、向心力以及抗干扰能力和自我调整能力，而且还有利于确立全社会成员共同认可的价值观、行为规范和准则，使社会能达到一种较长时间长治久安的状态。

其实，世界上几大文化体系都是经过长期选择，融合和整合形成的。据西方文化史学家的研究，现代西方文化也是融合和整合了希腊的文学、艺术、科学、哲学，加上罗马的政治、法律，再加上基督教的仁爱、教化与日耳曼的自由、豪爽，才演变形成了西方文化和西方文明。

通过不断地学习、思考和实践，我越来越意识到：不仅在自然科学里存在"化"，而且在人们的生活和工作中处处都有"化"，而且"化"是一门非常大的学问。人们在"物化"和"化物"时，无论怎么"化",最终都要靠"人化"和"化人"来实现,而"人化"和"化人"的核心又是人的"心化"和"化心"。

作家柳青谈到他的《创业史》,表面上写的是农村合作化运动,实际上是写农民对于农村合作化运动的认识与接受的步步深化。社会的根本是人民,人民的内核是心灵。正是着眼于心灵深处和精神层面的变化和转化,才使得《创业史》更具有超越历史限定的深厚内力,而成为人们认知合作社时期社会剧烈变化引发农民心灵变化的一部史诗性作品。透过这部史诗,让人们再一次看到"人化"和"化人"、尤其是"心化"和"化心"的力量才是实现农村合作化的核心力量和关键所在。

在研究和探讨"化"的过程中,我发现:人与人的性别、性情、性能、性格、脾气、长相、特长、特点、兴趣、爱好等诸多的不一样,都是源于人的先天的自然造化的不一样。

人与人后天的所见、所遇、机遇、机会、运气等诸多的不一样,都源自自己所处和所遇的时代之化、环境之化和人为之化等诸多的不一样。

人与人的学识、见识、技能、教养、修养、涵养、眼界、格局、心胸、情怀等诸多的不一样,都源于各自的人文教化的不一样。

人与人命运的不一样,不仅源于自然造化、时代之化、地理之化、环境之化的不一样,更源于各自的人文教化和文化的不一样。

人文教化,使人变得善良、高尚、优雅、体面、纯粹、自觉,使人变得自尊而又活泼,伟岸而又温暖,更能唤醒人的生命,提升人的气质,开化人的心胸,提升人的眼界,升华人的境界。

也正因为此，我不仅越来越喜欢上了"化物"和"物化"及"化人"和"人化"，而且更喜欢上了人文和文化，更愿意深入到文化里去研究"化"，探讨"化"，升华"化"。

## 万物皆是"化"的杰作

造化神奇的宇宙万物，都是自然之化的杰作。尤其是人，更是自然造化与人文教化相结合的杰作。也许正因为此，作家聂还贵说："人是文化后的动物"。

春与秋的交替，荣与枯的变换，都是"化"改变着万世的沧桑、万物的更迭。谈婚论嫁、生儿育女、传宗接代、角色转化、能力提升、运气创造、命运改变，也都离不开"化"。人的成长与成功既是物化的过程，也是人化的过程，当然，更是文化的过程。

宇宙间万物的造化和进化，历史上事件的发生和演变，人生中的成长和成功，都凝聚着"化"的能量、"化"的勇气、"化"的智慧、"化"的鲜活和"化"的创新；同时，也深藏着"化"的风险、"化"的挑战、"化"的不确定，都显现着"化"的魄力与魅力、奥妙和奥秘。

"化"或许是一次和风细雨式的谈话，思想火花的碰撞和融合，产生了思想上的"化学反应"，从而彻底改变了一个人的想法；"化"或许是一场激动人心的演讲，让听讲人的大脑不仅产生了共鸣，而且还"化"出了新思想，从而改变了一个人的命运；

"化"或许是一次直通心灵的沟通，"化"开了对方的某种情结，解开了对方的思想疙瘩；

"化"或许是一篇有理有据的情况说明，不仅让对方茅塞顿开，而且也增进了对方对自己的了解，还促成了与对方的合作……

余秋雨先生在《从何处走向大唐》一文里写北魏孝文帝拓跋宏实行一系列强有力的"汉化"时写道：为了汉化，"他们成了一个吸纳性极强的'空筐'，什么文化都能在其间占据一席之地。他们本身缺少文化厚度，还没有形成严密的文化体系，这种弱点很快转化成了优点，他们因为较少排他性而成为多种文化融合的'当家人'。于是，真正的文化盛宴张罗起来了。"

樊树志先生在《国史十六讲》中也说了这样一段话："北魏太后、孝文帝改革的最大特点在于把胡人的汉化过程纳入政治体制，使之法治化、常规化，使北方地区的胡人与汉人的差别日趋缩小，以至于融为一体。这是北魏改革最为了不起的成就。"

通过这两段文字，我们不仅可以看出"化"的神奇与奥妙，更能看出"化"不仅是天地人万物的孵化器，而且也是人类生存和发展的加油站，更是人成长与成功的转折点和提升器。

## 自然之化与人类之化

所谓自然之化，就是指"化"的主体是自然万物，而不是人，被"化"的对象是自然万物，也可以是人。自然之化最突出的特点是自然生长，天人合一，物竞天择。

所谓人类之化，就是指"化"的主体是人，而不是自然万物。被"化"的对象是人，也可以是自然万物。人类之化最突出的特点是人为干预，有利有弊，不好把控。

自然万物从有生命的那一天起，就开始了"化"的运动和"化"的旅行。自然万物最懂"化"，也最会"化"，更善于通过"化"找到阴阳平衡和对称，并产生新的统一。自然之化最具"化"的适应性、包容性、多样性、均衡性、复杂性、关联性和整体性。

西方物理学家埃默里·洛文斯曾说过："如果我们进化得更像大自然，那么我们可能做得会更好一些。"

大千世界因为"化"出了精明睿智的人类之后，才慢慢地产生了人类之化。而各种各样的人类之化，既为人类的生存和发展做出了巨大的贡献，同时也把人类变得越来越难以捉摸，把大自然变得越来越难以治理。所以，人类之化成了最神奇、最离奇、最难掌控和最不好评价的"化"。

自然之化既包含天地之化、物种变化、地理之化、时间之化、气候之化、环境之化、秩序变化等各种规律之化，也暗含偶然之化，突然之化等非规律之化。这些非规律之化大多因人类之化而引发。

人类之化既包含个人之化、群体之化、民族之化、国家之化、制度之化、文字之化、语言之化、文艺之化、文学之化、科学之化、技术之化等各种正常之化，也包含人的僵化、异化、乱化、恶化等各种非正常之化。

自然之化与人类之化是"化"的一体两面，呈阴阳结构。自然之化为阴，人类之化为阳，二者辩证统一，你中有我，我中有你，互为根本，互相影响，互相映照，互相促进，互相制约。二者之"化"处于均衡、对称、和合状态时，会产生真的、善的、美的新事物；二者之"化"处于不均衡、不对称、不和合状态时，则会产生假的、恶的、丑的东西。

最糟糕的人类之化是不顺应大自然的变化而"化"，不遵循自然法则和自然规律而"化"。这样的"化"十有八九会造成天灾人祸。

## "化"的主体和对象

什么是"化"的主体？所谓"化"的主体，就是指在"化"的过程中，究竟用什么来"化"对方效果最好。是用人"化"好，还是用物"化"好；是用情"化"好，还是用"法"化好；是用"义"化好，还是用"利"化好；等等。

在"化"的过程中，如果选错了"化"的主体，那就是无根之化和无本之化，就会犯方向性错误，这时"化"的方法越多，结果却越适得其反。

我听说过这样一个故事，说的是制作宜兴壶的事。曾有一段时间，人们想把宜兴壶的制作由手工制作改为机械制造，但实验了很多次，结果都失败了。在制造过程中，尽管机械制造出来的壶模样与手工制作的一模一样，可行家看过之后，依然说，这些壶表面看还可以，但细细一看，由于它缺少制作工匠的那颗"心"，所以，它缺少了艺术家的个性张扬和语言表达，缺少了宜兴壶内在的色彩和哲学影响。而所有的这些又都是通过宜兴壶手工制作过程中隐喻和转换来呈现的，也正是这些看不见的东西，它恰恰度量着手工制作者的情怀和修养。这些看不见的东西，那就是中国宜兴壶的文化和灵魂。

2016 年，上映了一部电影《封神传奇》。这部电影仅投资就达两亿多，而且还请来众多一线明星加盟，动用了中、美、韩、英等多个国际视效团队，以及制作过《指环王》的音效团队，这部电影号称"东方史诗级大片"。但没想到的是，这部电影播放时却遭到了惨败，无论是口碑还是票房收入都远未达到制作方的预期，豆瓣评分仅 3 分。

一流的制作团队为什么创作出一部三流作品？我想根本原因还是出在"化"的主体上。这些搞创作的人，他们在"化"文学为电影时，太注重制作技术了，而忽略了文学艺术；太注重"器"的运用，而忽略了"道"的引领；太注重电影的形象了，而忽略了电影的灵魂。

什么是"化"的对象呢？所谓"化"的对象，就是指在"化"的过程中，到底"化"什么效果会更好。如，处理同一件事情，是化"人"好，还是化"事"好；是化"理"好，还是化"利"好；是化"法"好，还是化"心"好；是化"方式"好，还是化"制度"好；等等。选对了"化"的对象，许多问题就会迎刃而解，而且"化"的效果也会递增。

作家王兆贵在《听君一席话》一文中讲了这样一个故事：

"耽溺深宫的楚国太子病了，有位吴地的客人前往问候。他先是试探着分析了太子的病因，指出安逸的生活、沉沦的享乐、荒唐的心思、放纵的欲望，会让人筋骨松散、血脉不畅、肢体不灵、精神倦怠，长此下去，非但药不能奏效，即便让扁鹊来治疗、巫婆来祈祷也来不及了。吴客对太子说，如果能按照我的话去做，您的病不用药也能治好。楚太子说，好吧，说来听听。接下来，吴客为太子绘声绘色地描述了野外狩猎、江海观涛等方面乐趣，一步一步地诱导启发太子，使之感受到健康生活方式的好处，并产生乐趣和向往。最后又把老子、庄子、孔子、墨子、杨朱等一干圣人搬出来，'论天下之精微，理万物之是非。'太子听完后，扶着几案站起来说：'你的话让我如释重负，仿佛听到了圣人辩士的言论。'太子出了一身透汗，霍然病愈。"

通过这个故事，我们可以看出，吴客非常懂"化"，也善"化"，他不仅懂用什么来"化"太子，而且也懂在"化"的过程中，到底化什么效果会更好。所以他在给楚国太子看病的时候，并没有给太子开药方，而是用圣人的哲理通过"化人"和"化心"，同时再加上形象化、生动化的故事和语言，最终"化"开了太子脑袋里的顽疾，治好了楚太子的无病之"病"。

## "化"的形式、方式和方法

无论在自然界还是人类世界，"化"的方向正确，行为适当，恰到好处，才能发挥好"化"的形式、方式和方法，这样才能实现正确化、科学化、精准化、绿色化、生态化。

运用好"化"的形式、方式和方法对于"化"的效果的取得很重要，关键是掌握和运用好"化"的精髓。需要在学习和运用中慢慢感悟、领悟，如此反复，找到"化"的规律所在，奥妙所在。

为了更好地说明这一问题，我们不妨先拿运用《三十六计》和《孙子兵法》来讲，在中外战争史上，有不少人通过学习和运用这两本书打赢了不少战争，但也有不少人则是受这两本书的影响和困扰而打败了不少战争。

我们再拿前些年学习西方现代管理学和经济学来说，有些管理者通过学习这些书中的方式和方法搞好了自己的企业，但也有不少管理者则是把企业搞得一团糟。

为什么会出现上述这些情况呢？其实原因很简单，那就是这些战败者和失败者他们有的把"化"的形式、方式和方法当成了教条，有的把"计"和"法"当成了灵丹妙药，有的把这个"学"那个"学"当成了现成的智慧，他们没有吃透《三十六计》《孙子兵法》和西方现代管理学、经济学的精髓，也没有把自己的所学与具体实际情况结合起来加以运用和创新，没有做到活学活用。

有些人在学习和运用《三十六计》和《孙子兵法》时，只注意了每一计和每一法的照搬照用，而没有很好地理解和把握《三十六计》里的"总说"和《孙子兵法》里的"始计篇"。

《三十六计》里的"总说"只有29个字："六六三十六，数中有术，术中有数。阴阳燮理，机在其中。机不可设，设则不中。"就是这29个字，它却提纲挈领地道出了学习和运用《三十六计》的要领和诀窍。

《三十六计》里的"总说"明确地告诉我们，在学习和运用《三十六计》里的"任何一计"，一定要掌握用计时的"数"和"理"、"术"和"机"。这四者之间既包括了用计者的"道行"和"德性"，又包含了用计时的天时、地利和人和，还包括了用计时出现的各种新变化、新情况、新机遇。只有具备了这些，才能掌握好用"计"

时的主动权和自由权。

《孙子兵法》里的"始计篇"，可以说是其他十几篇的总纲、总说。"始计篇"里着重讲了用计的"五事"："道、天、地、将、法"。孙子认为，掌握这"五事"，是用计之首要，用计之前提，用计之必须，用计之纲领。没具备和掌握好这"五事"，想把《孙子兵法》用好、用妙，那是白日做梦。

真正高明的人在运用各种"化"的形式、方式和方法时，是不会迷信任何书上的理论，也不会把书中所讲的各种方案当作万能钥匙。他们在学习和运用各种"化"的形式、方式和方法时，始终是在认识和掌握了各种事物运行变化时的自然原理、自然法则、自然规律、自然流程和自然力量之后，并将这些"化"的形式、方式和方法与当时、当地、当人的实际情况结合在一起灵活运用，并加以创新。

对于如何运用和创新"化"的形式、方式和方法，刘勰在《文心雕龙》里给出的答案是："本乎道，师乎圣，体乎经，酌乎纬，变乎骚。"清朝魏源给出的答案是："技进乎道，艺通乎神。"

### "化"的层次与境界

自古以来，中国人就对"识、术、器"的学习、运用和创新持有两种态度，一是持排斥的态度，二是愿意通过"道"的引领和定向、"德"的支撑和掌控，将"识、术、器"的运用和创新转化为智慧，升华为艺术。

老子在《道德经》第三章里明确提出，圣人要"常使民无知无欲"；在《道德经》第二十章开篇就提出"绝学无忧"。庄子通过浇水老人拒绝用机械和庖丁解牛这两个故事，既表达了拒绝技术和机械的态度，又表达了人们运用器具要像庖丁那样能"精技进乎艺"。孔子则强调人们学习、运用和创新"识、术、器"时，一定要"志于道，据于德，依于仁，游于艺"。

早在两千年之前，我们的先哲们就认识到"识、术、器"在运用和创新中的两面性。所以，他们一再告诫人们，学习、运用和创新"识、术、器"时，必须用"道"来引领、定向和总揽，用"德"来支撑和掌控，以提升"化识、化术、化器"的层次和境界，使"技进乎于道，艺通乎于神"。

我发现，人对"识"的学习、运用和创新有八个层次，它们分别是：盲识、浅识、书识、学识、才识、通识、卓识、胆识；人对"术、器"的运用和创新有四种境界，它们分别是："小术与小器""专术与专器""大术与大器""艺术与艺器"。

"化识"的层次直接影响着"化术、化器"的境界；"化术、化器"的境界反过来又极大地影响着"化识"的层次。

人处在"盲识"层面，那他对"术与器"的学习、运用也只能停留在盲目化的层面上；人处在"浅识"层面，那他对"术与器"的学习、运用也只能停留在胡乱化的层面上；人处在"书识"层面，那他对"术与器"的学习、运用也只能停留在教条化、本本化的层面上；人处在"学识"层面，那他对"术与器"的学习、运用就能提升到条理化、科学化的层面上；人处在"才识"层面，那他对"术与器"的学习、运用和创新就能提升到实用化、个性化的层面上；人处在"通识"层面，那他对"术与器"的学习、运用和创新就能提升到全面化、系统化、综合化的层面上；人处在"卓识"层面，那他对"术与器"的学习、运用和创新就能升华到特殊化、艺术化的层面上；人处在"胆识"层面，那他对"术与器"的学习、运用和创新就能提升到出神入化的层面上。

如果把"化识"比作为爬坡，那"化术与化器"就犹如登山。这座大山有四座山峰，它们分别是："小术与小器"，"专术与专器"，"大术与大器"，"艺术与艺器"。

能登上"小术与小器"这座山峰的人，就能解决一家人的温饱。但这部分人因为赚的都是小钱，所以很容易往钱眼里钻，有不少人钻进去就再也钻不出来了。这样，他们的见识就受到了极大的限制。也正因为此，他们的成长和成才也就被卡在"钱眼"里。

能登上"小术与小器"这座山峰的人群里，也有不少人爱学习，肯吃苦，他们对自己所干的行当肯钻研，愿付出。所以他们能从钱眼里钻出来，继续向"专术与专器"这座山峰攀登。

能登上"专术与专器"这座山峰的人，他们善于把自己的学识和才识转化为自己的专长和特长，愿意与自己的团队通力合作，使自己的专长、特长发挥出最大的效益和效能。所以，他们大多是企业和单位里的香饽饽。因此，他们能让自己的家人过上小康生活。也正因为此，这群人里又有一些人就此停下不再愿意往高爬了。

但是，人各有志。也有一些人并不满足眼前所取得的成绩。他们心中有更大的梦想，对自己的人生还有更多的安排。他们懂得：专业的精深非常重要，但通识教育、人文素养也不可或缺。有些人还认为，多一些"诗和远方"的融通和化合，提升的不只是自己的全方位素养，而且更能打开一个开阔的、有厚度的丰富人生。因此，他们还要继续登攀，去登更高的山峰。

正是因为有了这样的志向和理想，他们登上了"大术与大器"这座山峰。能登上"大术与大器"这座山峰的人，他们很容易获得更多的财富，或者是更大的权力。但他们在运用财富和权力时，因为自身文化和修养的层次不同，这些人又可能分化成两类人。

一类人在掌控和运用自己手中的财富、权力时，因为没有把自己的"心"摆正，没有用"道"引领、定向、总揽自己的"化"，缺乏用"德"支撑、保障和掌控自己的"化"，于是，他们在"化"的过程没能堵住思想上的"病变"，最终犯下钱迷心窍、权迷心窍、色迷心窍等错误。

另一类人在掌控和运用自己手中的财富、权力时，能把自己的"心"摆正，能主动用"道"引领、定向、总揽自己的"化"，能自觉地用"德"支撑、保障和掌控自己的"化"，再加上他们心中有家国情怀、责任和担当，有"诗和远方"，这就使得他们在"化"的过程中，情感达到了升华，思想实现了提升，心灵得到了净化，最后爬上了"卓识坡"，登上了"道术合一"的高峰，使自己成长为人民喜爱的科学家、艺术家、企业家等等。

中国人对"化"的学习、运用和创新，以及对"化"的实现，还有更高的境界，那就是"道法自然""止于至善"。这种境界，既是一种"天人合一"和"己人和谐"的境界，也是一种自我超越的境界，更是一种大真、大善、大美的境界。

无论何种艺术，其本质是真善美；核心是真挚和关爱。优秀的作品充满了真的、善的、美的力量。而这些力量恰恰来自于自我超越，来自于大地，来自于人民。

有年轻人请教著名作曲家何占豪："'此曲只应天上有，人间能得几回闻。'《梁祝》优美而隽永的旋律究竟从哪里飘来？"何占豪会不厌其烦地对年轻人说："去听听地方戏曲，或是民间小调和山歌，答案统统在里面。"

任何艺术家，他们只有在工作和生活中实现了自我超越，才能摆脱物性对他的约束、功利性对他的诱惑、工具性对他的摆布，使自己对思想、技术和工具的运用，升华到"技进乎道，艺通乎神"的境界，享受到"庖丁解牛"般的流畅和愉悦，这样才能使自己的作品呈现出大真、大善、大美的意象和气象。

作家顾春芳在《美在意象》一文中说："意以象尽，象以形载。艺术的'核心意象'凝结着灿烂的情感和深刻的哲理。伟大的艺术，其真正的魅力和引力就在于把握了艺术的'核心意象'。"

## 何谓中国"化"？

"化"是宇宙和人类命运的蝶变者和魔术师，"化"更是一把锋利的双刃剑。因此，我们在总结"化"的经验和教训时，也必须清晰地看到："化"在为人类做出巨大贡献的同时，也为人类和社会的发展制造了许多意想不到的灾难和罪孽。

也正因为此，现在全世界已经有越来越多人开始关注中国

"化"，研究中国"化"，学习中国"化"。那么，何谓中国"化"？

所谓中国"化"，就是中国人用自己的思维和行为模式、方式、方法去改变和创新自己的生活，谋求自己的幸福。这个自己，不仅是指一个人，一家人；也指一群人，一个团队；更是指一个民族，一个国家。

中国"化"不像西方"化"那么重视"化物"和"物化"，尤其重视"精技近乎器"。中国"化"特别重视"化人"和"人化"，尤其重视人的"内化于心，外化于行"，更重视"精技近乎艺"。

中国"化"后的改变和创新，不忘本来，吸收外来，发展原来，创新未来。走自己的路，扬自己的神，放自己的彩，与其他民族、其他文明"各美其美，美之与美，美美与共，世界大同"。

中国"化"后的改变和创新，既能把知识转化为智慧，也能把道理转化为行动；既能把技术升华为艺术，也能把艺术固化为大美；既能把争斗转化为合作，也能把危险转化为机遇；既能把问题转化为出路，也能把痛苦转化为快乐；既能把废物转化为宝物，也能把干戈转化为玉帛；既能把低点转化为起点，也能把逼仄处转化为提升处。

中国"化"后的改变和创新，是遵循自然法则和自然规律之下的改变和创新。这种改变和创新，既实事求是，适合人们的需求，又与时俱进，符合时代要求，更有针对性、灵活性和创新性。

中国"化"后的改变和创新，是对原有知识、技能、经验在运用中的突破和升华。既不是照猫画虎，也不是邯郸学步，更不是刻舟求剑，而是吸收、消化之后与实际情况的相结合。这种"化"

更具中国特色。

中国"化"后的改变和创新，是去掉私心，去掉偏见，通过交流、反复转换角度思考之后的全方位思考。它既不以偏概全，也不钻牛角尖，而是聚众人之识之后的远见卓识，居安思危，未雨绸缪。

中国"化"后的改变和创新，是积累和沉淀到一定程度之后的唤醒、激活和升华。人在生活中，有些东西是基因遗传下来的，有些东西处在沉睡和混沌之中，积淀到一定程度就会发生质变。只有经过"化"这种方式，沉睡的才会被唤醒，混沌的才会变清晰，原来的潜意识才能被唤醒，原来的潜力才能被挖掘出来，原来的低格局、低境界才能被逐步提升和升华。

中国"化"，是精进不怠和永不言败的不断登攀。当你登上一座山峰之后，"化"会清醒地告诉你，只有继续向新的山峰登攀，才能形成连绵之势、巍然之力，突破"化"瓶颈。

中国"化"，是自我情怀、格局、境界的大升华。"化"过之后的自我，其立足点已不再是自私和名利，而是立足于事业和家国；不是好高骛远，而是脚踏实地；不是与别人的攀比，而是对接自己的适合；不是自我称能，而是立足于自身心力和能力的担当；不是偷奸取巧，而是按中国"道"办理，用中国"德"做事。

中国"化"，通过周易之"化"、道家之"化"、儒家之"化"、法家之"化"、释家之"化"等圣哲们的演变和升华，最终"化"出了中国人"讲仁爱，重民本，守诚信，崇正义，尚和合，求大同"的文化特色和文明特质，化出了中华民族应对一系列艰难险阻、复杂问题的价值支撑、精神引领、路径选择和智慧动力。

钢琴家傅聪说："我的东方人的根真是深，好像越是对西方文化钻得深，越发现蕴藏在我内心里的东方气质。东方自有一种和谐，人和人的和谐，人和大自然的和谐。东方的艺术是要化的，因为化了所以能忘我。忘我所以能合一，和音乐合一，音乐、音乐家、听众都合一。"

## 《周易》之"化"

《周易》之化是中国"化"的源泉，也是中国"化"的母板，更是中国"化"的开山之作。《周易》由《易经》和《易传》组成。《周易》从"经"到"传"是一次哲学的跨越和思想的飞跃，也是从"术"到"道"的升华。《易经》是中国古人取法自然演绎出的一本用来占卜的书。

何为占卜？占卜是中国古人借助某种物或器的演变以推断当下要做的事是吉还是凶的一种很玄妙的判断方式和方法。人为什么要占卜？因为人生有常又无常，世事可料又难料，人们就是想通过占卜这一简单而又玄妙的方法来做预测和判断，帮助自己拿主意、做决定，尽可能做到趋利避害。

用占卜给自己做事多一种提示、帮助和解脱，是一种很微妙和玄奥的事情。这种方式和方法从古流传到今天，它的生命力极强。孔子经过反复占卜，不仅体悟到《易经》里的六十四卦和三百八十四爻里的"象、数、理"暗含着一定的内在逻辑和自然规律，而且他还发现，《易经》上所讲的"象，数，理"比占卜术更重要，人们更应该把重点放在对"象，数，理"的研究和把握上，而不应该把心思花在占卜术上。

孔子为了实现这一想法，于是就和自己的弟子们沉下心来为《易经》作了《十翼》，被后人称为《易传》。孔子正是通过作《易传》，将原本的占卜术演化成严肃的人生哲学、人生智慧。《易经》经过《易传》的演变与升华，原来的占卜之术升华为人生应变之道，这就是中国"化"的第一次重大演变和运用。这也是《周易》之"化"对人类最大的贡献之一。

## 道家之"化"

道家之"化"源于《周易》之"化"，但又发展和创新了《周易》之化的"坤道"之化。

道家之"化"的集大成者是老子。老子在《道德经》里传承了《周易》之化的精髓，同时又创新了《周易》之"化"的形式、方式和方法。他在《道德经》里不仅提出了"无""有""善""无为""抱一""处下""守柔"等"化"的新方式和新方法，而且第一次提出了要系统辩证地看待和对待事物的变化（"圣人抱一为天下式"）；第一次提出了管理者要"以百姓心为心"，实现"爱民治国"之王道。

老子的"无"，既是没有的意思，更包含着事物运行变化内部自身看不见、说不清楚的能量；"有"是事物内部能量运行变化的外在形式和现象（"惚兮恍兮，其中有象"）。老子的"无为"也不是不作为，而是要人们取法自然、顺应自然，借助自然力量的顺势而为，以达到"无为而无不为"。

老子认为，世界上不管有多少类物种、多少种变化，都被自然之道统摄、统领。所以，人的思维、智力，也应该让"一"来统摄、统领。"一"，就是"道"，就是无穷，就是整体，就是平衡，就是结合，就是长远，就是全局，就是系统。

人为之"化"，只有用"一"来统摄、统领，才会"天得一以清，地得一以宁，神得一以灵，谷得一以盈，万物得一以生，侯王得一以为天下贞。其致一也"。如果人类的各种"化"，没有"一"的引领，没有顺应自然变化，遵循自然规律，借助自然力量来实现"化"，那整个世界就会"天无以清，将恐裂；地无以宁，将恐废；神无以灵，将恐歇；谷无以盈，将恐竭；万物无以生，将恐灭；侯王无以贵高，将恐蹶。"（《老子》第三十九章）

由此可见，不管是天，不管是地，不管是人，不管是万物，谁在"化"的时候，不重视"化"的整体性、平衡性、结合性、长远性、全局性和系统性，用"一"的高度、"一"的全局、"一"的广度、"一"的长远、"一"的系统去思考问题、解决问题，谁的"化"就会变成异化、乱化、僵化、恶化。

在老子眼里，"一"是事物循环往复的变化，是存在的起点和变化的终点，是阴阳彼此依赖、相生相克、不断变化的过程。人们有了"一"的思维，就不会孤立地看问题，就容易站在战略层面上思考问题，解决问题，就会拥有"会当凌绝顶，一览众山小"的眼光和境界。

在《道德经》里还有一个字被老子反复使用，但至今并没有过多地引起人们的高度重视，那就是"善"字。老子在《道德经》里，讲"善"字接近四十处。老子之所以非常重视"善"，是因为老子认为"善"最能代表和体现中国"化"。

"善"是人区别于动物最本质的特征，也是人为之"化"与自然之"化"对接和契合时最好的通道。老子不仅希望人们在生存和发展的过程中要"道法自然"，而且更希望人们像水那样去"化"，在"化"的过程中做到："居善地，心善渊，与善仁，言善信，正善治，事善能，动善时。"

老子在《道德经》里还特别强调：人在观察事物运行变化时，一定要多关注阴阳变化时弱的一方，小的部分，反的那块，也许正是它们，才是未来希望，发展的原动力。"反者道之动，弱者道之用"不仅预示着变化的前景，更代表着变化的未来。

近些年，不知是读《道德经》次数多了，还是自己的阅历多了，慢慢地我还发现，老子之"化"不仅是自然之化，更是爱民之化。老子在《道德经》里提到"民"和"百姓"多达三十九处。如，"不尚贤，使民不争；不贵难的之货，使民不为盗；不见可欲，使民心不乱""爱民治国""绝圣弃智，民利百倍""圣人无常心，以百姓心为心""我无为而民自化，我好静而民自正，我无事而民自富"等。

由此可见，在老子心里，最牵挂的是人民的安危和幸福。老子特别希望能让"圣人"执政，希望"圣人"用自己"无私、无为、抱一"的"化"，让老百姓过上"甘其食，美其服，安其居，乐其俗"的幸福生活。

在老子眼里，"圣人"不仅是一个"处无为之事，行不言之教"的布道者、引领者、示范者，也是一个"以百姓心为心""无私、抱一、处下、守柔"的爱民者、为民者。

老子把自然之"化"形象化为"上善若水"。他既说"天下莫柔弱于水"，但又说，水"莫能御之"。在老子眼里，水最懂化，也最善化。水最善于随时、随地应自然变化而变化。所以，老子希望人们像水一样去"化"自己和"化"万物。老子认为，像水一样的"化"，它既不伤害别人、别物，而且"化"的成本最低，也最安全，"化"的结果也最能保持长久。

庄子也特别重视"化"，他说，人要学会"观化"，也就是人要学会观察自然变化；要学会"参化"，也就是要参与到自然变化之中，做到顺势而为；同时要学会"安化"，也就是要拥抱自然变化，安于自然所化。人只有做到这三"化"，才能活出本人、本真和本该有的生活之乐。

《庄子》除告诫我们要"顺其自然"之外，还鼓励我们"顺势而为"。也就是说，当你进入一个新环境时，要学会拥抱变化，与新环境合作，创新出一个新的自己。

## 儒家之"化"

儒家之"化"也源自《周易》之"化"。但他们重点发展和创新了《周易》里的"乾道"之化。儒家之"化"的集大成者是孔子和弟子们合著的《论语》。

中国传统社会是让圣贤来治理国家。道家主张把自己修炼成圣人，儒家主张把自己修炼成君子，然后让这些圣人或者是君子来治国理政，只有这样，国家才会长治久安，老百姓才能过上好日子。

在治国理政上，老子之"化"侧重于"道法自然""厚德载物"，"抱一、处下、守柔""无私，无为""以弱胜强"；儒家之"化"侧重于"自强不息""不辱使命"用"仁，义，礼，智，信"来"正心、修身、齐家，治国，平天下"，最终实现"天下为公，世界大同"。

大家读《论语》时会发现，一部短短两万多字的语录，君子一词就出现了一百多次。

那么，什么是君子？我们先看孔子与子路的一段对话。原文是："子路问君子。子曰：'修己以敬。'曰：'如斯而已乎？'曰：'修己以安人。'曰：'如斯而已乎？'曰：'修己以安百姓。'"通过这一段对话，我们可以看出，所谓君子，是一个能自觉做到按儒家之道来改变和升华自己的人，是一个懂得敬畏自然、规则的人；是一个在做人和做事时，能想到别人、让别人放心的人；是一个能为百姓谋长治久安的人。

孔子在《论语·宪问》里说："君子道者三，我无能焉：知者不惑，仁者不忧，勇者不惧。"通过这段话我们可以看出，君子是一个内心具备了仁、智、勇这三种基本素养的人，也是一个能做到这三点的人。

孔子在《论语·宪问》还说："士而怀居，不足以为士矣。"通过这句话我们可以看出，孔子心中的君子，不仅是一个好人，更是一个胸怀天下、奋发有为、敢于担当的人。

正是受儒家君子之"化"的影响，在孔子之后，中国古代有许多仁人志士不仅在显达的时候能以天下为己任，而且在穷困潦倒之时也不放弃个人修养，他们心怀天下，念念不忘苍生黎民。屈原说："路漫漫其修远兮，吾将上下而求索。"孔子的学生曾子说："士不可以不弘毅，任重而道远。仁以为己任，不亦重乎？死而后已，不亦远乎？"陆游说："位卑未敢忘忧国，事定犹须待阖棺。"孟子说："穷则独善其身，达则兼善天下。"张载说："为天地立心，为生民立命，为往圣继绝学，为万世开太平。"著名儒者顾炎武说："天下兴亡，匹夫有责。"

孔子说，君子可以"杀身以成仁"（《论语·卫灵公》）。孟子说，君子可以"舍生而取义"（《孟子·告子上》）。孔子还说："朝闻道，夕死可矣。"由此可见，儒家对自己所认准的"道"是何等的向往、推崇和忠诚。

如果说道家之"化"是"爱民之化"的话，那么，儒家之"化"则是"安民之化"，后来又升华为"为民之化"。早在两千多年前，儒家不仅高喊出"修己以安百姓"的口号，而且还设计出一个很受老百姓欢迎、又很温暖的理想王国，那就是"天下为公，世界大同"。

"天下为公，世界大同"这一愿景，它不仅极大地展现出中华民族的伟大与善良，而且也很形象地展示出中华民族的博大与公允，更彰显出中华民族内生力量的和谐与温暖。

梁漱溟在《中国文化要义》中说："中国以偌大民族，偌大地域，各方风土人情之异，语音之多隔，交通之不便，所以树立其文化之统一者，自必有为此民族社会所共信共喻共涵育生息之一精神中心在。惟以此中心，而后文化推广得出，民族生命扩延得久，异族迭入而先后同化不为碍。此中心在别处每为一大宗教者，在这里却谁都知道是周孔教化而非任何一宗教。"从这段话我们可以看出，儒家的人文教化，对中华各民族的和谐相处、对中华文明的传承和发展起到了决定性的作用。

儒家之"化"，最擅长在"情与理""利与义""得与失""利己与利他""拿得起与放得下"等这些看似对立却又相生相克、相辅相成的阴阳之中做出正确的判断、合理的选择、恰当的平衡、适当的调整，以获取自然、自觉、健康、智慧、正常的成长和成功。

儒家之"化"，最擅长在坚守根本法则和遵循自然规律的前提下，通过"化"这种软力量，一是把人的动物性能与神圣性能平衡好，调控好，结合好，在工作和生活中，既要保持人的个性、激情和爱好，又要做到不任性、不冲动、不贪婪；二是把人与人之间因性格的差异、爱好和追求的不同而可能产生的矛盾及时化解。使人们摒弃过于偏激的思想和极端的做法，从而尽可能减少冲突中对双方的伤害，然后将矛盾转化为和谐，把争斗转化为合作，从而推动人类文明不断向前发展。

儒家之"化"，最擅长将人的欲望、浮躁、贪婪、奢侈、自大的心态转化和升华为较为简单、宁静、平和、淡泊、谦和，活出自己性命的长度、生命的亮度和使命的高度。

儒家之"化"，最擅长将人的冷、恶、傲、奢、争等偏激思维和激烈行为转化和升华为"仁、义、礼、智、信、温、良、恭、俭、让"等中正思维和温暖行为。

儒家之"化",用郭文斌教授的话说,"它不单单追求法律意义上的社会成就,更追求心灵意义上的生命成就,它甚至追求要在起心动念处享受生命,超越生命,完成生命能量的管理和应用。它懂得在出发地就享受生命和生活之大美,而不是一定要去远方,取得多么大的成果,甚至不惜以伤害自己和他人为代价。"(郭文斌著《中国之中》)

## 法家之"化"

法家之"化",源头依然来自《易经》,但在管理国家和治理社会的认识上,以及在具体的形式、方式和方法上,与道家和儒家还是有较大的不同,在治国理政上更加注重法律化、功利化、实用化和统一化。

法家之"化",其核心是用"法、术、势"来管理国家和治理社会。

什么是法家之"化"中的"法"?《韩非子·难三》说:"法者,编著之图籍,设之于官府,而布之于百姓者也。"这就是说,"法"实际上是一整套成文的国家架构、行为规范、社会准则。它是让民众遵守的,但同时也是规范政府行为的大法。

"法"是在"人民众而货财寡"的历史条件下,为了制止争夺的需要而产生的。韩非子认为,治国要有法,行法就要有刑有赏。由此可见,"法"是法家管理国家、治理社会的法则、制度以及官员行为的准则和依据。法家的"法"属于人道范畴。

法家之所以大力推行"法"，首先旨在富国强兵。其次是出自法家认为人人都是自私自利的，这种自私自利的本性和本能只能通过"法"的外在力量才能加以制止。法家认为，"德"和"礼"可以兴国，但不足以治乱，所以治国还必须更加强调"法"治。

什么是法家之"化"中的"术"？《韩非子·定法》说："术者，因能而授官，循名而责实，操生、杀之柄，课君臣之能者也。"所谓"因能而授官"，就是说管理者要依据下属的能力授予一定的职权；所谓"循名而责实"，就是说管理者一定要考察下属在做人和做事时是否名与实相一致，避免名不副实的情况。所谓"操生、杀之柄，课君臣之能"，就是说君王主要利用多方面的情报考察群臣的言行和能力。秦国正是运用法家之"术"为平民打通了升迁之路，有了改变自己命运的机会，从而极大地调动了平民参与治国的积极性。

什么是法家之"化"中的"势"？《韩非子·难势》说："尧为匹夫，不能治三人；而桀为天子，能乱天下；吾以此知势位之足恃，而贤智之不足慕也。"《韩非子·功名》还说："夫有才而无势，虽贤不能制不肖。"这里的"势"，一是指管理者用权的合法性和重要性；二是指管理者的权势、权力；三是指外部环境和当下的形势。法家认为："抱法处势则治，背法去势则乱。"

法家之"化"，为中国的封建制度注入了强大的活力和生命力，并构建起国家治理的法治体系和大一统政治架构。秦国正是通过对国家制度、架构、文化的改革和改变，对治理国家的形式、方式和方法的不断创新，从而在战国七雄中很快脱颖而出，成为最强大的诸侯国，并最后灭掉了其他六国统一了中国，建立了历史上第一个中央集权体制的"大一统"帝国。

春秋战国时期，"田畴异亩、车涂异轨、律令异法、衣冠异制、言语异声、文字异形"，社会和文化呈现多元混乱状态。秦始皇用法家之"化"统一中国后，废除了分封制，实行了郡县制，并进行了一系列整齐划一的文化整合，如"书同文""车同轨""度同制""行同伦"。正是这诸多文化整合和政治统一，为未来的中华文化的大一统，国家制度的大统一奠定了坚实的基石，立起了牢固的政治框架，为中华文明的传承和创新奠定了厚重的基石。

## 释家之"化"

好多人并不知道，就是被中国"化"过之后的佛学，也非常重视"化"。在山西大同，就有一座很有名气的寺院善化寺。这座寺院与其他寺院最大的不同是，寺院里有一座三圣殿。据说，进了这座寺院，拜了殿里的三座佛，就能开悟、觉悟，就能大彻大悟，就能化解掉生活中的诸多疑惑、烦恼和忧愁，就能直达理想彼岸。

佛教最初的意义也是直指人生，其以人生问题为基本出发点，通过"化"，通过开悟和觉悟，看清看淡人生，通过修心，化解掉人生中诸多的疑惑、烦恼和忧愁，从而实现个人思想的解脱和超然。

大乘佛教的"三法印"，第一曰就是：诸行无常，世事如行云流水，恒无常态；第二曰就是：诸法无我，法在形而上，形则落于虚空；第三曰就是涅槃寂静，心如止水，静则归真。

这三曰都讲的是释家之"化"，佛家认为，人只有在应变中"无常""无我"，经常保持"寂静"，才能"化"出佛的觉悟，佛的大彻大悟，佛的真知、佛的本真、佛的自我、佛的慈悲。

大乘佛教学说的重要思想家龙树，他对佛学的最重要的哲学贡献是第一次提出"空"的概念。这个"空"，我们也不能理解为没有。日本池田大佐在《龙树和世亲》一文中写道："纯粹的'空'不能化出'有'。但《中论》的'空'是一种无限的潜在性，随影响它的缘起而定，它能够派生和创造任何事物和每一桩事物。"也就是说，龙树的"空"恰恰是"化"出各种"有"的源头活水。

可见，这里的"空"，也是最适宜"化"的各种土壤、空气、环境、氛围，它与老子的"无"属同一概念。

文殊菩萨认为，人要想获得"不二法门"（在认知和修行时不走两个极端）的真智慧，就必须"不落两边，只取中道"，先皈依佛门，然后再跳出佛门。跳出佛门是为了更好地参透佛门。没有跳出，就不会有审视距离，也不会有境界体验，更不会对佛有一个透彻的感悟。正是这种跳出之前先皈依、皈依之后再跳出的两次大"化"，才能获得佛的"不二法门"的大智慧。

## 如何才能学会"化"？

如何才能学会"化"？尤其是学会中国"化"？对此，我个人有以下几点感悟和体会：

一是要充分认识到，没有两种以上不同元素的聚合、组合、结合、融合、和合，就根本不会发生"化"，更不会产生真的、善的、美的新思想和新事物。

二是要想学会中国"化"，必须弄明白世界上所有的"化"都源自于"阴阳"的运动和变化，得益于内部与外部的阴阳结合。

"阴阳"是天地人万物自身内在的、互根互生的、对立统一的两种能量和变量，是宇宙万物最基本、最核心、最关键的变化要素，是中国人认识"化"、弄懂"化"、运用"化"和创新"化"必须搞清的基本道理和哲学概念。

"阴阳"这两种能量和变量，它们是不可分割的整体，是相对而又相成的，是互根而又互生的。它们此消彼长，相互转化，同时，它们是内生的，不是外来的，外部的变化虽然会影响它们的变化，但不能替代它们的存在和变化。它们随时随地都在运动和变化着，正是这些运动和变化，引发世界的运动和变化，引发人和万物的生、老、病、死，引发世事有常又无常，引发出人生可料也难料。

三是要牢牢把握中国"化"的精髓。对于什么是"化"的精髓，老子给出的答案是："道法自然"。孔子给出的答案是："志于道，据于德，依于仁，游于艺。"

对于如何理解"道法自然"这四个字，首先要搞明白什么是"道"，什么是自然。"术"是知其然，"道"是知其所以然。自然是指"道"的来路、来源地。对于何谓自然，《妙真经》的解读是："自然者，道之真也。"

道生万物是不假外力自然而然地生成，是一种不得不然的"自然"。我认为，老子说的"道法自然"，就是指人们所讲的各种道理，都是从自然变化中生发出来的。王蒙先生在《老子十八讲》里说了这样一段话："在这里（指《道德经》）老子很惊人地提出了一个'自然'比道更高的概念，就是说任何事情自己运动、自己发展、按照自己的规律来办事恰恰是道的精髓、道的核心、道的根本，就从根本里头找根本。'道'已经是根本了，没有再根本了，但是从根本当中还能再找出一个根本来，那就是'自然'。"赫拉克利特说："按照自然行事，就是真正的智慧，就是道德。"

这些哲人们之所以强调"道法自然"，强调"按照自然行事"，就是告诉人们，人们所做的一切都要向自然学习，拜自然为师。判断一切事物的好坏、对错，都要用自然这一标准来检验。人类所有的"化"和怎样"化"，都要以自然"化"为标准。在自然面前，人千万不要狂妄自大，想怎么做就怎么做，想怎么"化"就怎么"化"。

对于人生而言，所谓"道法自然"，所谓"按照自然规律行事"，就是首先要认可自己与别人的先天差异和后天所遇的诸多不同，紧接着要学会顺应人生中许多的自然、偶然和突然，要坦然地接受天地和社会赋予自己的各种不同角色，竭尽所能把自己的各种角色扮演好，然后坦然地接受自己人生中的所遇、所有及其引发的所有结果。

"道法自然"不是不要科学技术，而是要人们记住：人在"化"的时候，要用"道法自然"这把尺子来引领和规范"化"。为什么有人说21世纪是中国人的世纪？一是中国人很早就懂得了"道法自然"，也最善于用"道法自然"这把尺子来引领和规范"人化"；二是中国人很早就擅长在"化人"和"化物"时，做到"志于道，据于德，依于仁，游于艺"。

## 厚植中国"化"的素养

所谓中国"化"的素养，主要是指一个人的人文修养与科技学养两者贯通结合之后共同内化生成的文化修养和科技能力。一个人所拥有的"化"的素养，它不仅是解决人生诸多难题的底气和软实力，更是升华人的眼界、格局、胸襟和情怀及提升人的各种能力的通道和台阶。

人文修养是一个人前行时站稳脚跟、屹立不倒的灵魂和根本；也是一个人的整体素质、形象、人格和使命担当的基石；还是一个人在烟火气息里谋生、平淡生活里找乐的密码。

科技学养是指一个人对某种科学和技术的认知程度和实践深度，经过融化和转化之后形成的专业知识和专攻能力。

在人的素养里，人文修养属"阴"，科技学养属"阳"，两者谁也离不开谁，两者只有经常保持大体平衡和对称，才能互根互生，相辅相成，共同升华人的心力，提升人的能力。

人文修养能引领人自然、自觉、健康、智慧、正常地成长和成才，能从根本上提升人运用科学和技术向上、向善、向美发展；科技学养能让人站起来，强起来，硬起来，飞高走远，能彰显和放大人文修养的温暖性和神圣性。

人文修养主要是用来"明体"，科技学养主要是用来"达用"。

"明体"就是"明道"，是"知其所以然"后，用"道"来引领、定向、总揽人们对科技的运用和创新；"达用"就是在"德"的支撑和护航下，用科技来解决工作和生活中的诸多现实难题。

人们对科学和技术的运用和创新，如果没有人文的引领、定向和总揽，究竟是福还是祸，是吉还是凶，谁都难以预料，也很难掌控。人们对人文的运用，如果没有科学和技术的配合和创新，人文也不能很好地发挥自身根本性的作用。

由于中西文化和文明的源头不同，演变的路径、方式和方法不同，导致了中西方人在"化"的素养上存在诸多的不同。我认为主要有以下不同：

一是中国人看上去不像西方人那么自信、自大，想怎么征服自然就怎么征服，想殖民谁就殖民谁。中国人在"化"的时候，崇尚"顺天应人""天人合一""道法自然"，与他人、与自然和谐共生、共育；崇尚"论道经邦，燮理阴阳""精技进乎艺"，用人文来引领人们对科技的运用和创新，用谦和、温暖、智慧来破解人生中的各种疑难杂症。西方人在"化"的时候，笃信"人定胜天""优胜劣汰""丛林法则""弱肉强食""精技进乎器"，将科技转化为工具、利器，以便提升效率，更好地征服他人，征服自然，殖民他国。

二是中国人在"化"的时候，重点关注的是"化人"和"化心"，关注的是人的现实世界，而不是彼岸世界。中国"化"始终以"自然"为尺度，在承认人的有限性基础上又充分肯定人的无限性。中国人在对科技的运用和创新上表现出强烈的人文关怀和人文伦理。这种人文立场，不像古希腊文明那样建立在理性或者是知性的自觉之上，而是建立在人的道德性和天地性的自觉之上，从而构成了"以人为本"和"天地人为一体"的中国之"化"。

三是中国之"化"表现在做人和做事上，高度强调人伦的和谐和对群体价值的重视，特别重视个人价值的实现要融入社会需求的整体之中。在中华文明的视野中，群体价值的实现主要是建立在个人对伦理责任的承担，而非像西方那样突出个人对权力的主张与欲求上。也正因为此，中国之"化"很早就建立起以家、国、天下为重，以责任、担当为先的伦理道德意识，并在实践中体现出强烈的家国情怀和天下担当。

四是中国之"化"，给中国人的平淡生活增添了很多的烟火气息和人间真情，也让中国人学会了过"贫而乐，富而好礼""乐以忘忧"的普通生活和平常日子。学会了把一些繁重的体力劳作转化为人文时间下的诗意劳作。中国的不少非物质文化遗产就是在这样的理念引领下生化出来的。

中国一些非遗的创新和制作，看似繁重的体力劳作，实际上存有好奇、冒险、担心、沉静、否定、惊喜、欣赏等系列情绪反复纠缠。从初始的憧憬到后来的回味，既是从无到有的创作过程，也是复杂而余味悠长的心理震荡、内化过程。这一过程，无形中把艺人和匠人的技巧转化成为超越自我的欢乐节奏与旋律，活化成了自我价值实现的甜蜜回忆。正是在这个过程中，艺人们不仅创作出精美的艺术品，而且还享受到创作全过程的快乐和幸福。

　　而西方人在劳作时，尤其是实现工业化之后，西方人越来越多地追求和享受目标性、功利性、结果性的快乐和幸福。他们在劳作过程中，过细的分工和过多的机械运用，给他们带来效率和效益之时，也给劳作者带来的是枯燥的时间煎熬和工作情趣的失落。

　　关于"化"的素养，著名画家王来文在《艺者的使命》一文中说道："画家，是一个技术的从艺者，技术非常重要，这无可置疑。没有成熟的技术无法表达你的思想，成熟的技术是艺者迈向艺术高度的重要手段。但技术再高，如果没有依托，没有内涵，没有表达更高层面的人文思想与人文思考，那作品呈现的仅仅只是技的炫耀而已。""人文素养不仅影响艺术品格和艺术境界，还决定着艺术的深度与高度。"

　　中国美术馆馆长吴为山在《朴素的艺术情怀真实的生命感动》一文中写道："纵观齐白石的艺术人生，他以雕花木工的匠心之工妙合逸笔草草的文人画之意，生化成雅俗共赏的诗意笔墨；以淳朴农民的乡土情愫结合士大夫的超拔之逸气，抒发知识分子的家国情怀；以写意的'似与不似'神合工笔的'惟妙惟肖'，构成了收放自如、内蕴张力的艺术图式；以水墨晕染的偶然暗合客观对象特质的必然，形成妙不可言的审美奇象；以万物生长之势融合书法线条之韵，创造中国精神的抽象之美；以自我天性汇合诸家之长，由青藤（明代画家徐渭，号青藤老人）、雪个（明末清初画家朱耷，号八大山人、雪个）门下'走狗'（齐白石诗中语）变为'自用家法'的主人。"

吴为山先生在这段话里提出了五个"合"字：妙合，结合，神合，暗合，融合。这五个"合"字，既是中国"化"的精髓所在，也是中国"化"的魅力所在，还是中国"化"的奥妙所在，更是中国"化"的境界所在。

## 把握好中国"化"的变点

从某种意义上讲，所谓规律，其实大多都体现在"化"的数量的积累上、速度的加速上、节奏的改变上、质量的提升上、形势的变化上、时间的顺序上、方法的变化上。而这些变化又都表现在一些时间段、结合部、逼仄处、极致处和变化的起点、节点、拐点上。用哲学的观点来解释就是指事物发生变化时的变数、系数、定数、参数等。

一个人能否把握好自己人生的变点，很大程度决定着你的"化"的质量、"化"的程度和"化"的境界。同时也决定着你到底能飞多高，能走多远，能否把危机转化为新机，能否在普通日子里收获生活的快乐和幸福，活出生命的美好和愉悦。

人生发生的各种"变"的起点都是"化"的源头活水。所以，在人的成长过程中，一定要把起点选对、选合适。我们就拿求职来说，现在有许多大学生在求职时，不考虑自己的兴趣、爱好和长项，而是"散弹打鸟"，一味想制作特别漂亮的简历，多投多得，找一份有面子、挣钱多的工作。但结果往往是：想法很丰满，现实却骨感，很长时间找不到适合自己的角色和位置。这样，既浪费了精力，也耽搁了时间，还可能错过了最佳时机。

有不少人刚参加工作就把眼睛盯在多赚钱上，而不是盯在心力的升华和能力的提升上。他们在成长与金钱、成功与权力之间画上了等号。他们想也没想到，正因为此，他们的成长和成才从起点上就受到了极大限制，少了眼界、胸怀和格局，多了算计、计较和抱怨。这样就极有可能导致自己刚参加工作就干得很累、很躁，活得很烦，很不开心。

人在成长和成才的过程中，有许多节点、转折点都极大地影响着人的一生。就拿上学来说，每升一个年级就是成长的一个小节点；由小学升初中、初中升高中、高中升大学、大学升研究生，是成长的大节点。人不能只注意大节点而忽略小节点。只有把小节点把握好了，大节点才能自然把控好。大学毕业找工作、找对象，这是一个人成长和成才很大的节点。

在工作中，你每受到一次表彰、奖励，都是你成长的乐点；你每受到一次批评、处分，都是你成长的痛点。但你也可以把它看成是你成长的一个拐点和新的起点。包括读书的顿悟、思路的理清、问题的解决等等，这些都是成长和成才的关键点。只不过有的人能悟出，有的人悟不出；有的人不仅能悟出，而且还能把握和掌控好，有的人虽然能悟出，但把握和掌控不好。

在运用"化"和实现"化"的过程中，一些重要的节点，不仅指示着时间的分量，而且也标注着前行的坐标。作家乔忠延在《歌声里的延安》文章里写下了这样一段话："1935 年秋日，中央红军踏上陕北的土地，与陕北红军会师。一个新的落脚点和一个新的出发点重合在一起，成为中国近代革命史上最具亮点的节点。"

作家乔忠延之所以能写下这样精彩的一段话，其主要原因是他十分懂"化"的变点，否则他是不会有这样精辟的认识，自然也写不出这样精准的文字来。我为什么这样评价作家乔忠延，是因为我最近又看到他的一篇散文，题目叫《大雪节气下大雪》，文章中写道：

"在漫漫长路上，节气如同一个个里程碑，让人们把一年里遥不可及的大目标，分解为一个个小目标。节气又如同一个个路况标识，告诉人们前面的日子是热还是冷，以便早早做好准备，从而四时安康。顺时而为，顺时而生，这就是先祖为中华儿女设定的行为准则。先祖历经多少代，在混沌中吃尽了苦头，才直起躬耕的身子，将目光投向苍穹，投向日月星辰，终于解开了认识自然的密码。按照二十四节气耕种、收获，使得人们的生活越发和顺。"

漫漫人生路，你弄懂了"化"的这些时间段、结合部、逼仄处、极致处，你就会知道看问题时应选取的角度、说话时应把握的分寸、做事时应掌控的关键点、创新时应关注的焦点和改变点。

你弄懂了"化"的起点、节点、拐点、焦点、乐点、痛点，你就能认识和意识到"化"的最佳度、最佳量、最佳时。你抓住了这些点，就等于抓住了解决问题的"牛鼻子"。你把握好了这些点，你就等于抓住了人生的机遇，掌控住了自己该掌控的命运的咽喉。

## 中国"化"的忌讳

中国"化"最忌讳自私，最忌讳急功近利。也就是说，我们每个人在运用、创新和实现"化"的时候，只要不过多地与自己的名利挂钩，你心中的"自我天性中的渣滓"也就不会浮出水面，你就会对用什么"化"、"化"什么和怎样"化"做出正确的判断、准确的决策和精准的运用。

中国"化"最忌讳单打独斗，赢者通吃。也就是说，我们每个人在运用"化"和实现"化"的时候，只有与整体、系统里其他的"化"达到协调，形成合"一"，你的"化"才能收到最好的效果。

中国"化"最忌讳突飞猛进、跨越式发展。也就是说，我们每个人在运用"化"和实现"化"的时候，只有注重基本功的积累、稳步推进，才能实现自然正常地"化"。

中国"化"最反对乱化和异化。这些"化"虽然也叫"化"，但都不是真正的"化"。这些"化"的出发点大都是自私自利。

乱化和异化的人，他们在"化"的过程中，既不坚守自然法则，也不顺应自然规律，更不顾及民心，但这些人往往善于言辞，善于利用民意，他们的语言和所运用的"化"又极具欺骗性和煽动性，很难被识破。这样的"化"，对大自然破坏性极大、对社会的危害极大，对人的健康正常的成长和成功的影响极大。对于这样的"化"，必须高度警惕，尽量避免。

## ▶▶▶ 第七讲　中国式成长与成功的第六大要素
### ——修养中国"心"

**"身之主宰便是心"**

　　中国古代哲人认为，善恶心生，好人、坏人，归根到底缘由当时那个人的心善、心恶来决定；境由心定，圣人、君子、高人、贵人、小人、奸人、佞人，说到底，都取决于一个人对心的修炼能达到何种境界。北宋著名道教学者陈希夷在《心相篇》里说："心者貌之根，审心而善恶自见；行者心之表，观其行而祸福可知。"

　　一个人最终能飞多高，能走多远，比拼的不只是一个人的智力、文凭和技能，而更重要的是拿什么样的心来为自己的智力、文凭和技能铸魂；拿什么样的心力和能力来为自己的生活赚钱；拿什么样的格局和情怀来为自己的人生掌舵。

　　中国古代哲人始终认为，人的工作和生活怎样，全靠心的修炼。心大了，事就小了；心宽了，烦就没了；心知足了，人生就轻松了；心快乐了，生活就幸福了；心事少了，身体就健康了。

中国哲人在研究成长和成功方面，虽然也重视对知识、技能的掌握和运用，但他们首先关注的是：何为"人"，要成为何"人"，如何成"人"。他们最注重的是对自己"心"的修炼和升华，最关注的是天地人的贯通与合一，最关注的是人与自然、人与他人、人与集体的共生、共长和共成。在这方面，他们探寻的成果可谓博大精深。在许多方面，尽管是只言片语，但微言大义，永远值得我们"博学之，审问之，慎思之，明辨之，笃行之"。

## 中国"心"到底是什么？

中国古人很早就对"心"字进行了研究和运用。对这方面的记载最早是周朝。据传，到了周朝，在夏朝"三宅"之说、商朝"三俊"之说的基础上，又增加了"三有宅心"和"三有俊心"之说。周公说："亦越文王、武王，克知三有宅心，灼见三有俊心，以敬事上帝，立民长伯。"（《谋智、圣智、知智——谋略与中国观念文化形态》）"三宅"在夏朝和商朝是官职。"三宅"之心指对天地的敬畏心，对百姓的关爱心。

孔子曰："夫子德配天地，而犹假至言以修心。古之君子，孰能脱焉！"这句话的意思是：那些有道德的贤人，道德品质可以匹配天地，但他们仍然借助古人的至理名言来修炼自己的心。

孟子是中国最早对"心"加以深入探讨的先哲之一。他说："心之官则思，思则得之，不思者则不得也。"他还说："恻隐之心，仁之端也。"孟子"从心性角度发明天人，把人对外在必然的关系转换为主观意识（心）向内体验仁义道德本性（性、天）的关系，

从而使天人合一演变为尽心知性知天的心性体验"。（向世陵主编《中国哲学智慧》）

以宋朝邵雍、周敦颐、张载、程颢、程颐、陆九渊和明朝王阳明为代表的心学一系，他们是中国心学的集大成者。他们的主要理论特征是：在认识上是"心理为一""心外无物"，在心的修养上是"存心去欲""尊德性和先立乎其大"，最后达到"知行合一，致良知"。

所谓"心理为一"包含三层意思：一是"同心同理"；二是"心即理"；三是"心理为一"；所谓"心外无物"是对"心即理"的进一步发挥和论证。陆、王、朱熹等人还提出了"存心去欲"的理念。

中国人不仅喜欢说"心"，而且也非常重视"心"，尤其注重对"心"的修炼、修行和升华。那么，中国人常说的"心"到底是什么？

对于什么是中国人常说的"心"，中国哲人给出的答案既深刻，又丰富，尤其是通过他们对"心"这个汉字的广泛运用，就更能有利于我们深入理解，准确把握"心"字的深刻内涵与广泛的外延。

《周易·复卦》的《彖辞》中载："天地之心，普物而发，圣人之情，顺势而达。"《大学》中载："心诚求之，虽不中，不远矣！未有学养子而后嫁人也。"苏轼在《定风波·南海归赠王定国侍人寓娘》里说："此心安处是吾乡。"心学家王阳明认为："人者，天地万物之心也；心者，天地万物之主也。"欧阳修说："皆付真心与河山。"佛家说："心善则美，心真则诚，心慈则柔，心净则明，心诚则灵。"张载的"横渠四句"："为天地立心，为生民立命，为往圣继绝学，为万世开太平。"一代名医吴鞠通说，一个人要想成为苍生大医，就必须"进与病谋，退与心谋"。《明心宝鉴》中说："心安茅屋稳，性定菜根香。"国防大学金一南教授说："一个人能走多远，能干多大的事，主要取决于这个人的心。"中国老百姓则常说："功夫不负有心人。"

我们就拿张载的"为天地立心"里的"心"与《象辞》"天地之心"里的"心"及《礼记·礼运》的"人者，天地之心"里的"心"作比照，张载认为，"天地之心惟是生物"，"为天地立心"的"心"是指人的精神价值。而《礼记·礼运》的"人者，天地之心"的"心"则是指人所处的中心位置。

我们再拿"功夫不负有心人"的"心"与"心诚则灵"的"心"、"心安茅屋稳"的"心"做比较，"心"分别指人的"追求"、信念、思想。

被誉为"处世三大奇书"之一的《围炉夜话》，全书字数不到一万字。作者清人王永彬，在书中用"心"字达八十多处，你读过之后再仔细斟酌，就会发觉作者对中国人常说的"心"字的理解是何等的透彻，书中对"心"字的运用真可谓独具匠心，达到了炉火纯青、出神入化的境地。书中不仅提出"振卓心""执滞心""秤心""止心""者心""抗心"等人们不经常见的词汇，而且许多处对"心"的运用让人耳目一新。如：第六十四章的"人同此心，心同此理，可知庸愚之辈不隔圣域贤关"；第六十五章的"和平处事，勿矫俗以为高；正直居心，勿设机以为智"；第六十六章的"君子以名教为乐，岂如稽阮之逾闲；圣人以悲悯为心，不取沮溺之忘世"；第一四二章的"抗心希古，藏器待时"。这几章里的每一个"心"字，一处一个解释，一处一种含义。

由此可见，中国人常说的"心"，不单是指人的心脏，也指人的心思、心情、心态、心劲、心绪、心怀、心念、心境等诸多含义。

中国人常说的"心"，不仅是人的志向、理想、愿景和三观的发源地，也是人的欲望、向往、思想、情绪、肚量、胸怀、格局的调控中心，更是人的动力、活力、定力、毅力、耐力等各种力的产生地。傅佩荣教授在《孟子的智慧》一书里就说："心是指自觉的能力"。

中国人常说的"心"，既是人性、人品、人格的孵化器和锻造台，也是人的动物性能与神圣性能的平衡器和博弈的大舞台。

中国人常说的"心"，既是一个人将知识、技能转化成为自己的心力和能力的转化器，也是将自己人生中的一些不幸转化为人成长成才的阶梯，更是将常识、常理升华成为自己的眼界、格局、情怀的提升器。

中国人常说的"心"字，与其他汉字组合在一起，更代表着许多难以用言语表达的意象、意境、意蕴、意趣和意味。

## 三个有关中国"心"的故事

第一个故事是说康熙年间黄河常常泛滥，经年不治。治理黄河的工程上马后又众说纷纭，意见不一，不得不干一干、停一停。治河老臣靳辅在黄河上滚爬了十几年，终因与皇上意见不一被贬回家。后来事实证明他的思路正确，皇上就又召他回来。于是他上书皇上说："我已 70 岁，心有余而力不足了，还是请皇上另选他人吧。"康熙给他回信说："我知道你老了，我是用你的心，而不是用你的力。"于是，治河老臣靳辅又走马上任，按照他的思路和方法来治理黄河。没几年，黄河终于得到了治理。

在这个故事里，我们可以看出，这里的"心"既代表忠诚，也包含治理黄河的思路、经验、方式和方法。

第二个故事是大家都非常熟悉的《西游记》。一部《西游记》，洋洋洒洒写了整整一百回，其中的干货，不外乎四个字："西天取经"。可就是这么简单的一件事，却历经九九八十一难，耗时十四年。

我第一次看《西游记》时曾产生过这样一种想法，那就是这个取经的团队里就数唐僧没本事，为何非让他带队去取经？甚至还想过，孙悟空一个筋斗就能翻十万八千里，干脆就让孙悟空一个人去取经算了，何必费那么多事、惹那么多麻烦、遭那么多罪受呢？

人生经历多了、阅历多了，我才慢慢悟出：至圣至尊的如来佛祖和至贤至明的观音菩萨之所以让唐僧当西天取经的领队，就是因为他们相中了唐僧的那颗心，那颗始终不忘初心、一以贯之的佛心。西天取经的真正意义不仅仅在取真经上，而更在于取真经的经历、磨难和对师徒四人佛心的修炼和升华上。

实践证明，只有经历过无数次磨难、有了这个过程的人，才能不断地提升自己的心力和能力，才能战胜各种各样的艰难险阻，才能珍惜取回来的真经，才能对取回的真经在学习和运用上领悟得更深、运用得更好，尤其是不会使自己在"讲经说法"时照猫画虎、穿帮走样，更不会搞装模作样、弄虚作假那一套。

在这个故事里，我们可以看出，这里的"心"既代表忠诚，也包含经历、磨难和坚守，更包含对经历和真经的感悟和运用。

第三个故事说的是企业家曹德旺，他在《心若菩提》一书中说了这样一件事，父亲曾跟他说："做事要用心。有多少心就能办多少事。你数一数，有多少个心啊？"曹德旺当时想，和"心"有关的词有哪些？"我伸出手数着'用心、真心、爱心、决心、专心、恒心、耐心、怜悯心……'似乎十个指头用不完，有那么多的心吗？"听了父亲的话，再加上自己的思考，曹德旺终于搞明白父亲所说的心的意思，也弄明白了"心"对人的成长与成功是何等的重要。

从这三个故事里，我们可以看出，中国人常说的"心"的内涵和外延是何等的丰富和宽泛，又是何等的耐人捉摸。

## 中西方对"心"不同的研究

中国人对"心"的研究的侧重点是：明心和修心。明心和修心的目的是：认识自己，管住自己，改变自己，提升自己，超越自己，使世界因我的不同而精彩，因我的温暖而大同。

西方人对"心"的研究的侧重点是：明知和提知。明知和提知的目的是：认识事物，管理事物，改变事物，创新事物，为我所用，使世界因我的不同而大不相同。

两个侧重点各有所长，各有所短。值得注意的是，西方国家发展到近代，也开始意识到：一个人的成长和成功只重视知识和技能的提高而不重视自己内心的修炼和心力的升华，会给个人的成长和国家的发展带来严重的后果。所以，他们也开始重视对人心的研究和探讨。

1859 年，英国的道德学家、著名的社会改革家斯迈尔斯所著的《自己拯救自己》一书在英国出版。作者在书中提出："对自己内心的修炼才是对自己最好的拯救。"

美国出版的《团队正能量——带队伍就是带人心》从一开始就抓住了带团队的核心——人心，并用之升华团队的正能量。这位当过企业老板、培训师、专栏作家的著书者，帮助人们再一次把管理的聚焦点集中到了 21 世纪信息时代商业世界中最重要的元素——人心的修养和管理上。

遗憾的是，这些观点虽然也得到一些人的认同，但它在西方传统的重知识、重科技、重利器、重殖民、重金钱面前，总是显得那么微弱、那么单薄，它并不能彻底改变西方传统的主流文化。反而在资本、科技等物欲的引领下，越来越多的西方人把注意力放在了对人际关系和能力的提升上。

值得注意的是，中国发展到近代，也开始意识到：一个人的成长和成功只重视明心和修心，不重视对外部事物的认识和了解，也会给个人的成长和国家的发展带来严重的后果。所以，我国也开始重视对外部事物的研究和探讨。尤其是改革开放之后，更加重视提"知"增"识"以及人的能力的提升，重视科学的进步和技术的发明。

## "心"是欲望与戒律博弈的大舞台

任何人的"心",都呈两面性,它既有阴的一面,也有阳的一面;既有善的一面,也有恶的一面;既有真的一面,也有假的一面;既有正的一面,也有歪的一面;既有软的一面,也有硬的一面;既有温的一面,也有冷的一面……关键看用什么来引领和掌控。

中国古代哲人认为,一个人修心到位、内心充实、心态平和、学养充分、乐观豁达,那么他的心力和能力就会有源源不断的补给和坚实可靠的支撑。即使是面对多变的环境、复杂的问题、新的矛盾,处理起来也会得心应手,也不会空虚、浮躁、恶搞、胡来、折腾、急躁、抑郁等,而且还能"不忘初心,方得始终"。反之,则会在思维上、判断上和决策上常出问题,在成长和成功的路上经常栽跟头、翻阴沟。

人的心,是欲望与戒律博弈的大舞台。没有欲望,只有戒律,成长和成功就没有了动力、活力和生命力;人只有欲望,没有戒律,成长和成功就没有了方向、没有了轨道、没有了定力、没有了毅力、失去了刹车。

人的心,在产生新的欲望和冲破旧的戒律的同时,又会产生新的戒律以保证和约束自己新的欲望能有一个合理的发展方向。否则,人的心要么会乱,要么会死。人的心一旦乱了,成长和成功就没有了定力,人的生活也就会变成一团乱麻;人的心一旦死了,成长和成功就没有了动力,人的生活也就没有了希望,人的生命也就没有了意义。

所以，人的心在欲望和戒律的博弈中，始终对人的心力和能力起着生成、定向、调节、控制、平衡和升华作用。

## 心力、能力、运气与人的命运

毛泽东24岁时写了一篇有关"心"的文章，题目叫《心之力》。文中写道："心为万力之本。修之以正则可造化众生，修之以邪则能涂炭生灵。故个人有何心性即外表为其生活，团体有何心性即外表为其事业，国家有何心性即外表为其文明，众生有何心性即外表为其业力果报。故心为形成世间器物之原力。"

在这个世界上，有两种力最神奇也最伟大。一种是大自然之力，另一种是人心之力；在这个世界上，最能代表一个人水平的、展示这个人的生命层次的东西，不是金钱，也不是地位，而是这个人的心力。一个人的心力，决定着这个人的心思、心态、心情、心绪、心气、心劲、心境；没有强大的心力，就不会有开阔的眼界、宽阔的胸襟、温暖的情怀、高远的境界。一个人的心力，代表着一个人的政治信仰、精神境界、心胸气度、格局情怀，学养与见识、站位与担当。

心力是各种能力的母体力、支撑力、调控力、补给力、平衡力，是自己大运气的创造者，是自己总命运的把握者。

能力是心力在各种场合下的表现力和彰显力，能力是自己小运气的创造者、阶段命运的改变者。

心力主要由一个人的思想、信仰、理想、精气神、世界观、人生观、价值观等心灵层面的东西构成。心力决定着一个人的心思、心态、心情、心绪、心气、心劲、心境。心力既包括人的心智模式，也包含人的深度思考能力。

能力主要由一个人的知识、见识、技术、经验、培训等具体方面的专业水准构成，也是解决成长和成功中各种问题时的具体想法、方式、方法、谋略、技巧和手段。

心力侧重于认识自己，管理自己，改变自己，提升自己，超越自己；能力侧重于做具体事和解决专业性问题，以及管理他人。

如果我们把一个人的全部才华看作一座冰山，那么，浮在水面上的就是他的能力，是显性的，只占才华的一小部分，而潜在水下的则是他的心力，是隐性的，却占才华的绝大部分。但正是这绝大部分的隐性心力在支撑着一小部分的显性能力。

运气是大自然和时空的各种变化与人和组织的各种运作共同形成的人的生存和发展的外部环境、氛围和气场，以及人生中偶然和突然发生的各种机缘巧合。运气主要由外部环境、氛围、气场、时运、家运、国运、机会、机遇、机缘等组成。

命运一是人对自己的天性、天赋和基因遗传的认知和自我运作的结果；二是对自己进入社会后的所见、所遇的选择以及引发的各种结果；三是对自己先天性格和性情的管理和升华之后在生活中所产生的结果。

人的命运由"己"和"天"共同决定。"己"主要指人的心力、能力和自己的努力，"天"则指人的先天所赋和后天所遇、所处。主要是指你成长和成功的外部环境和客观条件，以及你的所见。如果把命运比作为一棵正在生长的树，那"心"就是树的根，心力就是树的干，能力就是树的枝和叶，运气就是树下的土壤，树周围的阳光、空气和雨露，命运就是树生长的整个过程和结局。

## 善恶心生，境由心定

心力能弥补能力的不足和缺失，而能力却弥补不了心力的缺陷和缺失。"德不配位，必有灾殃"。有的人靠能力一时赚了大钱，当了大官，获得了大名，但如果心力与这些所得不匹配、不对称，那这些所得或迟或早会给他带来灾殃，使他的命运由吉变凶。

中国有不少富豪，曾在商界呼风唤雨，是无数人眼中的成功者。然而，他们中也有不少人最终身败名裂。为什么会出现这种情况？原因很简单，是因为他们的心力驾驭不了自己的欲望和情绪酿成的，是因为他们的心力、能力与自己的职位和所得不匹配造成的，是因为他们修心差得太远造成的。

人生就是一场修行，修行的最好方式就是修心，修心的高境界就是：大其心，虚其心，平其心，潜其心，定其心。《格言联璧》里有这样一段话："大其心，容天下之物；虚其心，受天下之善；平其心，论天下之事；潜其心，观天下之理；定其心，应天下之变。"修心的最高境界就是"以百姓心为心"，修心的智慧境界就是修得一颗"半称心"和难得糊涂之心。

人的一生过得快乐不快乐，幸福不幸福，不仅取决于能力的大与小，物质的多与少，更取决于自己明不明白自己的"心"，能不能花力气修自己的"心"，使自己的心力、能力与自己的所想、所得相匹配。

弄明白了自己的"心"和自己的心力，你就懂得了该要什么，不该要什么；该选择走哪条路，不该走哪条路；该坚持什么，不该坚持什么；该放弃什么，不该放弃什么。

如果一个人的心修大了，那事就变小了；心修宽了，那烦就变成了顺；心静下来了，那眼就变亮了；心知足了，人就变轻松了；心安了，人就安全了；心快乐了，人就幸福了。

正因为明心、修心对人的成长与成功如此重要，所以，中国古代的哲人们对如何明心和修心做了极为深入的探讨，并研究出不少好的理念、方式和方法。

## 初心与道心

《华严经》有语曰："不忘初心，方得始终。"这句话的意思是，人什么时候都不能忘记自己最初的发心，这样才能实现其本来的愿望。《尚书·大禹谟》说："人心惟危，道心惟微，惟精惟一，允执厥中。"其含义是，人心居高思危，道心微妙居中，惟精惟一是道心的心法，我们要真诚地保持惟精惟一之道，不改变自己的理想和目标。禅宗认为："平常心就是道心"。

初心，是一个人在成长和成功最初时，发自于自己内心深处最重大最重要的选择，是你愿意终生为此奋斗的梦想和事业；初心，是成长和成功的基石和框架，它始终能带给你希望、信念和力量，能帮助你战胜一个又一个艰难困苦，并时不时能带给你一种幸福的归属感。

道心，是一个人在成长和成功的过程中，每走到十字路口，每遇到艰难选择时,总能使你静下心来,尊崇于你内心的自觉选择;道心,是成长和成功的火炬和灯塔。它既能引领你自觉遵循成长和成功的法则和规律,又能帮助你与时俱进,顺势而为,不断做出正确的判断和选择。

人的一生,谁都会遇到物质的诱惑、语言的蛊惑和信条的困扰;人的一生,谁都会面临无数艰难的选择。人每一步的走出和每一次的选择都决定着你人生的下一步。人生就是如此科学,如此奥秘,如此艰难,痛苦并快乐着。

那么,年轻人怎样才能拥有抉择的智慧和前行的定力呢?

中国贤人给出的答案是:守住自己的初心,立稳自己的道心。经常叩问自己的内心,你到底想要什么?你到底适合做什么?人只要修炼往远看的心力,往细里做事的能力,这样就不会被眼前时尚的东西所诱惑,被别人的假宣传所蛊惑,被书中一两句信条所困惑。

优秀的孩子离不开家庭、学校和社会的奋力托举和严格要求,并按孩子们成长的规律进行引领和陪伴。父母养育、学校教育和社会培育最重要的是:帮助年轻人发现自己的真爱,追寻自己的内心,升华自己的心灵,发挥自己的特长,自己学会深度思考,找到自己的适合,点燃自己的绚丽,使世界因你的不同而不同,因你的温暖而大同。

遗憾的是,我们现在有不少家长和正在成长的年轻人,由于受过多的被固化过的成长与成功的理念的引领和教育,再加上受现实生活中过多的商业化、时尚化、物质化的诱惑,几乎忘记了成长与成功的初心，也不懂得立稳自己的道心，更忘记了天地造人，各有各的角色和使命。他们从孩子入幼儿园开始，就蛊惑小乌龟跑成小白兔，蛊惑小白兔潜水赛过小乌龟，蛊惑小松树开出娇艳的牡丹花，蛊惑牡丹长出伟岸常青的松枝。尤其是进入社会之后，要孩子争当冠军和明星，争做精英和富豪。这样做，不仅使孩子们从小就失去了个性和个人，失去了自己和自由，更丢失了自己的快乐和幸福，也造成父母因为孩子的成长和成功过早地焦虑、过多地焦躁。

## 有心与苦心

清代文学家蒲松龄曾作对联以自勉："有志者，事竟成，破釜沉舟，百二秦关尽属楚；苦心人，天不负，卧薪尝胆，三千越兵可吞吴。"此联背后的故事和寓意是，只要有决心和勇气，付出努力和坚持，就一定能战胜困难，取得成功。

我不记得在哪篇文章里看过这样一句话：有一位老师送儿子上大学，临别时对儿子说："孩子，请你记住：这个世界既不是有钱人的世界，也不是有权人的世界，而是有心人的世界。"看过这句话之后，我很羡慕这个儿子能有如此有智慧的好父亲、好老师，使他在独立步入自己的人生时就有了心路的航标和前行时精神的火炬。当然，这个孩子今后的发展如何，还要看他对父亲的这句话领悟得如何，愿不愿意在笃行这句话时使自己成为一个真正的有心人。

既然成为有心人对成长和成功如此重要，那么，应该成为一个什么样的有心人呢？我以为，真正的有心人应该拥有以下四种心力：

第一种心力是能尽早发现自己的天赋、兴趣、长项和优势；第二种心力是能较早确立适合自己天赋、兴趣、长项和优势的志向；第三种心力是能及时选对适合自己天赋、兴趣、长项和优势的职业和伴侣；第四种心力是对发挥好自己的天赋、兴趣、长项和优势有恒心和毅力。

古人云："学海无涯苦作舟，青云无路志为梯。"孟子说："故天将降大任于是人也，必先苦其心志，劳其筋骨……"由此可见，真正的有心人，首先必须是一个有梦想的人，有精神追求的人。梦想是什么？梦想就是你的精神追求和你努力的方向，是你的动力源，是打开你成功的钥匙；其次，必须是一个为了实现自己的梦想，愿意苦自己心的人。

中国人的有心，首先是成人、成仁，然后才是成才、成器；中国人的苦心，首先是认识自己，管住自己，然后是改变自己，提升自己，超越自己，使自己成为一个立志如山、行道似水的忠诚者。

古往今来，若无工作和生活中的吃苦、受挫，遭受打击和磨难，没有经历一次又一次的失败考验，坚持长时间的学习和思考，人是很难开悟和觉悟的。人只有经历了这些才会开悟和觉悟，成为真正的有心人。

非洲草原上有一种尖茅草，前半年只长一寸高，人们几乎看不到它在生长，所以堪称草中最矮。但后半年雨水到来之时，三五天时间，它便会由一寸蹿到一两米，成为草中之王。其实，尖茅草前半年长得并不慢，只是它一直在往下生长，其根系可长达28米左右。尖茅草之所以能成为草中之王，其根本原因是它不仅有心而且更能苦心。它在前半年练就了一种很强的往下长的心力和能力，后半年又练就了一种很强的往上长的心力和能力。

有心能发现自己之所爱、所长、所适；苦心能成就自己之所爱、所长、所适。家庭养育、学校教育和社会培育，都应该是帮助孩子们发现、坚持和成就他们的所爱、所长、所适，而不是去追时尚、赶潮流，更不是去追寻不切实际的"塔尖精英"。

人人都有自己的所爱、所长、所适，但有许多人迟迟发现不了，还有的人发现了，但又不愿意通过苦心，挖掘和升华自己的所爱、所长、所适。他们总喜欢走捷径、耍手段。这样的有心是小聪明。这样的有心有时也能获得一时一事的成功，但这种成功由于缺乏道心引领和定向，缺乏德心支撑和掌控，时间久了，就会品尝到根基不牢的苦果。

## 专心和尽心

孟子说："不专心致志，则不得也。"苏轼在《应制举上两制书》里说："不一则不专，不专则不能。"专心是对自己所爱、所长、所适的专一，也就是说一辈子一门心思去做自己最感兴趣、最擅长和最适合做的事。

选择了专心和专一，就等于在一段较长的时间内选择了孤独和寂寞，完成了一场信念与焦虑的对抗。也正是这一选择和完成，才会使你在孤独和寂寞中不断取得成功，并感受到自己独有的快乐，享受到属于自己的幸福。《百年孤独》一书中有这样一句话："孤独之前是迷茫，孤独过后，便是成长。"

人如何才能专心？我以为，关键是做自己终生感兴趣和最喜欢做的事。"上帝粒子"的发现者恩格勒说过："兴趣和好奇心是自己成功的法宝。"

如何判断什么是你终生感兴趣和最喜欢做的事？我的经验是：一是通过看书，哪一类的书你总愿意看，而且容易看懂；二是在生活中你最愿意做哪一类事，而且最容易做成、做好。你能把这两类结合在一起，经常坚持做，也许它就是你的最爱，也基本上是你终生感兴趣的事。找准了这两点，你就会专心和专一。

尽心是对自己所爱、所长、所适的全身心的投入。尽心既是做事最需要的态度，更是做成事的不二法门。孟子曰："尽其心者，知其性也。知其性，则知天矣。"陆九渊说："若能尽我之心，便与天通。"乔布斯说："保持专注的重点不在于维持注意力，而在于拒绝寻找。"

由此可见，能尽心的人，就能实现"知天""知地"，并达到"与天地贯通"的境界。有了这样的境界，就能"精技进乎艺""道术合一"，就能使自己的"技"升华为"道"。有了这样的升华，就能成为专家、大家，就能收获自然而然的成功。

有关专家做过调查，人与人相比，智力的差别不是很大，但在专心和尽心上差异却很大。专心能让你成为专家；尽心能让你成为赢家。凡是能专心和尽心地去做一件事的人，成功率往往极高；而时时分心的人，终究得不到满意的结果。任正非说："一个人如果专心做一件事是一定会成功的。"

我以为，专心和尽心是对自己初心的坚守和对自己道心的积淀，是对自己的有心和苦心在更高层面上的升华，是对自己内在的潜力久挖不止。

心理学研究表明，人人都有在某一方面取得杰出成就的潜力，但有的人经过久挖终于挖掘出来了，所以成功了；有的人挖是挖了，但没有久挖，半途而废，始终成功不了。

## 虚心与正心

《尚书·大禹谟》中载："惟德动天，无远勿届，满招损，谦受益，时乃天道。"毛泽东在延安中共七大闭幕讲话中古为今用，把"满招损，谦受益"改成了"虚心使人进步，骄傲使人落后"的大白话，使更多的人明白了虚心对一个人的成长和成功的重要性。

《礼记·大学》中载："欲修其身者，先正其心。"傅子曾说："立德之本，最重要的是正心。"《金刚经》里也讲，"正心清静，则生实相。"

虚心是做人必备的真诚，是受人尊重的前提，是自己进步的阶梯，是获得成功的根基；正心是对自己"动物性"里恶的部分的不客气，是对自己"功利性"所犯错误的不原谅，是对自己放大了的欲望说不，是对被名利捆绑的自己的解放，是对自己的狭隘的升华。

　　虚心是一种十分难得的心态和心境，正心是一种弥足珍贵的心劲和勇气。每一次虚心和正心，都是对自己一次次的改变和超越。谁修炼了这样的心态、心境、心劲和心气，谁就能自然、自觉、健康、智慧、正常地成长和成功。

　　尽管中国古人一直为人心是善还是恶争论不休。但后来人越来越发现，人的心都是由阴阳两性组成。也就是说，每个人的内心里都有"兽"的一面，也有"神"的一面；都有善的一面，也有恶的一面。如果不虚心，就很容易骄傲，尤其是取得一些成就之后，就很容易自大、翘尾巴，忘记自己的初心，异化自己的本心，降低自己的道心，一味地放大自己的私心，导致自己的兽性与神性的严重失衡。到那时如果没有外力来提醒你虚心，帮助你正心，那潜藏在你内心里的"自我天性中的渣滓"就会削弱你的心力，降低你的能力，影响你的判断，干扰你的决策，使你慢慢地滑向危险的境地。

　　无论是历史还是现实，凡是能做成大事的人，能把事业做稳做长久的人，都是肯虚心接受别人批评的人。

　　张瑞敏在海尔20周年庆典上说过这样一段话："如果没有来自方方面面的对海尔的质疑和批评，就没有今天海尔更加冷静的思考，更加缜密的思维，心理承受能力更加坚强，可以更加有能力驾驭复杂局面的海尔，我认为这是好事，这些质疑和批评不管对与错，对海尔都是提醒，我们会更好地思索这些问题……'生于忧患，死于安乐'。一片赞扬声中的企业是不可能很好地生存的。"

　　任正非在华为经常讲："我们要不断地自我批判，不论进步有多大，都要自我批判，世界是在永恒的否定中发展的。""华为会否垮掉，完全取决于自己，取决于我们的管理是否进步。管理能否进步，就在于两个方面：一是核心价值观能否让我们的干部接受，二是能否不停地自我批判。"

## 静心与劳心

《礼记·大学》中载："知止而后能定，定而后能静，静而后能安，安而后能虑，虑而后能得。物有本末，事有始终。知所先后，则近道矣。"《道德经》里也有一段话："夫物芸芸，各复归其根。归根曰静，静曰复命。复命曰常，知常曰明。不知常，妄作凶。"这两段话都讲到人只有能静下心来深度思考、全面探讨，才能看清事物的真相，做出正确的判断和决策。

孟子说："劳心者治人，劳力者治于人。"劳力者付出的大多是力气和汗水，而劳心者付出的大多是心气和心血，在职场中，哪一种人最有可能成为劳心者？是那些能静下心来勤于学习、善于思考和勇于笃行中国"道"的人。他们遇到问题不是找借口回避责任，而是精心想办法解决现实中的每一个问题。这样的劳心者能弥补领导的不足，成为老总们的左膀右臂，有可能未来也会成长为老总。

我经常劝年轻人在成长和成功的过程中，千万不要着急，一定要修炼静心力和劳心力，这两种心力一旦修炼久了，人就会产生耐心和耐力。人有了耐心和耐力，再加上方向对了，就能将自己的"动物性""功利性"格局升华为"个人自尊性"和"集体自尊性"格局，并能使自己在工作中破专家之局限，开杂家之广大，最终走出自己狭小的圈子，成为国家之栋梁。

我记得罗洗河夺得了第十届三星杯公开赛冠军之后，有一位作家采访他，问他提升棋艺之道。他说："弈，自然之道也。初时重技，其后重心。无所住而生其心，心知止而神欲行。入至境处，内达宁静境界，外至和谐共处，无迷惘。"

## "以百姓心为心"

孔子在《论语》里说："修己以安人""修己以安百姓"；老子在《道德经》说："爱民治国""圣人无常心，以百姓心为心。"通过这几句话，我们可以看出，中国的圣人对"安民""爱民"是多么的重视，而且还特别强调：高明的领导者不能像普通人那样，心里只装着自己那点私利，而应该把老百姓的安危、人民的福祉、国家的兴盛常装在自己心里。能做到这一点，你才配做君子，配做圣人，配做领导者，配做管理者。这就是中国传统文化内圣外王之道。

中国有一位老人，在北京举行的第75届世界种子大会上，当他出现在主席台上，大家发自内心地以雷鸣般的掌声表达对他的敬意，感谢他对世界农业做出的卓越贡献。他就是"杂交水稻之父"袁隆平。

袁隆平院士为什么如此受到全世界人民的尊崇，其根本原因是他掌握了高产杂交水稻的技术，并把这一技术无私地传授给全世界，为解决更多人的吃饭问题做出了卓越的贡献。

当一个人的心修炼到能"以百姓心为心"的时候，他的内心就会产生巨大的能量，这种能量就是孟子所说的浩然正气。人有了这种浩然正气，就能使你的心胸、理想、眼界、格局、情怀上升到"大"的层面、达到"远"的境界，从而使你的学问、艺术、技能和才华很快融为一体，突破瓶颈口，冲过逼仄处，升华到"道"的层面，实现与天通，与地通，达到"天人合一"，从而步入艺术的圣殿。

## "半称心"与"难得糊涂"

每一个人的"命"和"运"都大不相同。所以，人的成长和成功绝不能被什么"不能输在起跑线上"这一伪命题所忽悠；任何人来到这个世界，所担任的角色和使命大不相同，过的日子也大不相同。所以，任何人都不要与别人攀比。过多的攀比，只能是给自己找苦恼，寻麻烦。

人生充满着知识性、科学性、技能性和必然性，也彰显着智慧性、多样性、不同性和不可比性，更饱含着趣味性、艺术性、奇妙性和奥秘性，还存有不少的不可掌控性和无可奈何性。

正因为人生饱含着知识性、科学性、技能性和必然性，所以，才给人的成长与成功带来了希望和激情；正因为人生充满着智慧性、艺术性、奇妙性和奥秘性，才给人的成长与成功带来了好奇性和挑战性；正因为人生彰显着不同性、多样性和不可比性，所以，才给人的成长与成功带来了丰富性和可选择性；正因为人生存有不少的不可掌控性和无可奈何性，所以，人不仅要懂得"天道酬勤"，还得知道"乐天知命"，坦然接受自己眼前的命运。

中国古人云："认命才能改命"，指的就是生命的辩证性和一体性："有失就有得，有得就有失。"好多历史名人，他们修心能修到一种超然脱俗的境界，能坦然接受许多人接受不了的命运，而且还能创造出另一种新的命运。

浙江杭州灵隐寺有这样一副对联："人生哪能多如意，万事只求半称心。"在中国有些人的家中，挂着写有"难得糊涂"的条幅。这副对联和这句名言，虽然语言朴实，却饱含着人必须修炼的一种心态、心境和做人的智慧。那就是"半称心"的心态和心境，以及"难得糊涂"的智慧。林语堂先生把它们称为"中国人所发现的最健全的生活理想"。

"半称心"不是无奈和消极，而是一种明道后的豁达平和，是一种厚德之后的真开心；"难得糊涂"不是真糊涂，而是看清之后的糊涂。这种"糊涂"，是一种能把外在之物看清之后的看开和看淡，是把自己对外在之物过多的追求转向对自己内在心力的提升和心境的升华。

许多时候，用"半称心"的心态和"难得糊涂"的心境去处理生活中的一些人和事，你就会给别人留下时间和空间，给自己留出余地和退路。你就会知道什么时候该前进，什么时候该停下；什么能"得"，什么不能"得"；在什么事上你该知足，在什么事上你不能知足。

有了这样的心力、心态、心境和智慧，你就会在平淡日子里找乐；你就不会活得太累、太躁，也不会有过多的抱怨，也不会患上狂想症、抑郁症，更不会轻生。

人的一生，有一些重要的所遇、所见，既不在自己的预料之中，也不在自己的掌控之中。中国古人早就告诉我们："谋事在人，成事在天。"所以，在现实生活中，人首先要谋事，要努力奋斗。有些事自己"谋"了，也努力了，但不一定能成功，这时就需要你学会坦然接受，平和对待。

人一旦修炼了"半称心"的心态和"难得糊涂"的心境，在与人打交道时，就不会过多地与他人争来争去，更不会斗来斗去，会与他人积极配合，力争把蛋糕做大；有了"半称心"的心态和"难得糊涂"的心境，也不会与自己常常过不去，反而会顺其自然，使自己活得开心一些、轻松一些。

"半称心"和"难得糊涂"不是做事不尽心、不尽力，而是尽心尽力做事之后对做事的结果不过分在意。他们在"因"上努力，在"果"上随缘，尤其对自己掌控不了的东西更是不强求和不强得。

通过长期修炼，再加上人生的积累，就能弄懂"半称心"和"难得糊涂"真正的内涵；一旦拥有了"半称心"的心态和"半糊涂"的心境，反而能让自己的心年轻许多，能使自己的生活变得快乐和幸福。"半称心"的心态和"难得糊涂"的心境，不是中国人的精神追求，而是中国人近千年来总结出来的人生智慧和获得快乐生活的密码。

中国历史上，为什么有不少名人虽然在政治和官场上遭受重大挫折、打击，没有实现他们远大的政治抱负，但他们却在文学和文艺等方面独树一帜，成为中国历史上格外耀眼的明星？其根本原因是他们经过长时间的修炼和人生积累，终于弄懂了"半称心"和"难得糊涂"真正的内涵；拥有了"半称心"的心态和"难得糊涂"的心境，最终，超越了自我，由小我变成了大我，所以，这些人大多活得还长寿。

　　有记者问 87 岁的词作家蒋开儒："你一生坎坷艰难，为什么能活得那么好奇和快乐？为什么老了之后反而能写出像'春天的故事'那么多正能量的好作品？"蒋开儒说："在我看来，晴天雨天都是好天气，顺境逆境都是好经历。花季花甲都是好季节，月圆月缺都是好美丽。"

## ▶▶▶ 第八讲　中国式成长与成功的第七大要素
### ——拥抱中国人文

### 何谓中国文化?

　　要想拥抱中国人文,首先要弄明白何谓人文,而要弄明白何谓人文,首先要搞明白何谓文化。那么,什么是文化?

　　对于什么是文化,余秋雨先生在《何谓文化》一书自序中说:"文化究竟是什么? 现在,中国到处都在摆弄文化,但很多人心中都搁着这个最根本的问题,没人回答。翻翻词典凑个定义是容易的,但很多定义,说了等于没说。"由此可见,文化的定义是很难搞定的。

　　他在本书中对什么是文化给出了这样一种定义:"文化,是一种包含精神价值和生活方式的生态共同体。它通过积累和引导,创建集体人格。"

　　余秋雨先生对什么是文化做了与现代汉语词典不太一样的解读。他还对一些人近年来对文化的异化和恶化给予了大胆的批评。

他说："更让人警惕的是，这几年的复古文化有一个重点，那就是违背我前面讲过的'爱和善良'原则，竭力宣扬中国文化中的阴谋、权术、诡计，并把它们统统称为'中国智慧''制度良策'。相反，复古文化从来不去揭示中华大地上千家万户间守望相助、和衷共济的悠久生态，这实在是对中国文化的曲解。这种曲解，已经伤害到了民族的文明素质，伤害到了后代的人格建设，也伤害到了中国的国际形象。"

对于什么是文化，作家梁晓声这样解读："文化可用四句话来表达：根植于内心深处的修养；无需提醒的自觉；以约束为前提的自由；为别人着想的善良。"

其实，翻阅古今中外的一些书，随处都可以看到对文化的不同理解和运用。但有一点是共同的，那就是：文化离不开人的生命和生活，离不开人的思维和实践，离不开人的素养、学养、修养和涵养，离不开人对物质和精神的需求，离不开人的关爱和善良，离不开人品和人格，尤其是集体人格的塑造。

近些年，对于什么是文化，我也做了一些研究，我以为，要搞清什么是文化，仅仅停留在词典里对"文化"的解释是远远不够的，人们必须深入到文化经典里看古人和今人对"文化"这个词是怎样解读和如何运用的，而且最好把"文化"这个词后面深藏的许多故事挖掘出来，这样，就能对"文化"一词的精髓吃透，在运用上才能达到刘勰在《文心雕龙》里所讲的"本乎道，师乎圣，体乎经，酌乎纬，变乎骚"那种高境界。

在中国先秦，中国文化的"文"，本义是指彩色交错、花纹斑斓，《易·系辞下》云："物相杂，故曰文。"后引申为有文采、有品质、有思想、有内涵。其含义有三个维度，上为天地之现象和意志及其显现，中为社会制度、发展规律与人的生命本体及其外化，下为文字、语言、绘画、音乐等表现形式及其表现对象。

"文"还是贯通"天"与"人"、"术"与"道"的纽带和桥梁。文化的"化"，就是通过"文"这个贯道之器，用教育、培育、驯化、演化、升华和创新等"化"的形式、方式和方法，营造善良、温暖和美好的人文环境和氛围，改变和提升个人和集体的素养和修为，塑造个人和集体的美和善的人格与形象。

中国文化在古汉语中主要是"人文教化"的简称。中国文化的本义是"以文化人，以文化天下"。也就是通过"文"的引领、教化和贯通，将自然人教化为社会人，升华为文明人；将社会教化和升华为文明社会，进而实现世界大同。

《周易》说："观乎人文，以化天下。""文化"一词在中国就是这么来的。《周易》还说："刚柔交错，天文也。文明以止，人文也。观乎天文，以察时变；观乎人文，以化成天下。"宋朝程颐在《伊川易传》卷二中释作："天文，天之理也；人文，人之道也。天文，谓日月星辰之错列，寒暑阴阳之代变，观其运行，以察四时之速改也。人文，人理之伦序，观人文以教化天下，天下成其礼俗。乃圣人用喷之道也。"

在中国古代，文化的"文"，包括三个部分。一是它的"形"和"状"，二是它的"心"与"脏"，三是"文"与"化"内在的联系和变化。

　　在这方面最能说明问题的就是各个民族的文字和语言。它们不仅"形"与"状"不同，而且它们的"心"与"脏"也不同，就连各自的内在结构和联系也不同。但相同的是，它们都是人类文明、社会进步和民族发展的记载、汇总、概括、总结、表达、表现和创新。

　　文化的"文"具有多向性、多样性和多面性。它既有物质性，也有精神性；既有固态性，也有动态性；既有过去时，也有现在时，还有未来时；既有华丽的外壳，也有深奥的内核；既有雅俗、美丑之分，也有高低、大小之别；既能产生正能量，也能产生负能量。

　　"文"有有形的一面，也有无形的一面。有形的一面就是它的"面子"；无形的一面就是它的"里子"。

　　对于物来讲，"面子"就是它的外形和模样；"里子"就是它的内在结构和精华。对于人来讲，"面子"就是人的长相、仪表、风度、气质等外在的东西；"里子"就是指人的素养、教养、学养、修养、涵养等内在的精气神。

　　《汉书·司马迁传》中有句名言："凡人所生者神也，所托者形也。"人的生命依靠的是精神，而精神寄托的载体是形体。

　　汉元帝因画师毛延寿丑化王昭君，以欺君之罪将其斩首。在《明妃曲》中，王安石写诗为毛延寿翻案说："意态由来画不成，当时枉杀毛延寿。"王安石认为，人体的美，不仅在于静态的形象，而且还在于动态时所表现出来的精气神。这种精神、气质、神情、神韵，更多的是表现在一个人的举手投足动态之中，表现在一个人身上的文化气韵。

中国有句古语："腹有诗书气自华，最是书香能致远"。我认为，这句话是对一个人有没有文化最好的诗意解读。它告诉我们：一个人之所以能有"华美的气质""高远的志向"，那是因为他腹中藏有诗书，心中藏有善良和爱，身上常散发着书香气。

文化里的"化"，也包含四个方面的内涵：一是交流，二是贯通，三是互鉴，四是结合。一种文化只有通过与另一种文化交流、贯通、互鉴、结合，才可以吸收其他文化的优秀成分，让原来的文化得到启发，继而产生新的内容和形式。文化因交流、贯通而多彩、旺盛；文化因互鉴、互化而丰富、多元；文化因善良和关爱而大美、温暖。

中国文化不仅仅是书本里的知识、道理、技术，也是生活中人们对这些知识、道理、技术的活学活用，更是人们在运用过程中对这些知识、道理、技术的活化、转化和升华。

中国文化不仅是一种基因进化、地缘造化、生命胎记、种族标识、思维方式、做事模式、氛围塑造和环境营造，而且也是随着山川地貌、风土人情、心灵事理不断变化和演化而形成的物质和精神的总和。

中国文化不仅是一个从活化到固化，从固化再到活化的演变过程和达到的新状态，而且也是个人和集体人格和人品、气质和形象的总塑造、总提升和充分展示。文化始终是个人、家庭、企业、民族、国家生存和发展的灵魂和根脉。

中国文化既显形，也隐形，无处不在，一如花香弥漫于空气。文化渗透在个人、社会、国家各个领域的方方面面，集中体现在个人、家庭、集体、民族的生存理念、思维方式和生活习惯上，也代表着人类文明所达到的一种新状态和新高度。文化是知识、道理、科学、技术、文学、艺术深根固柢的精神土壤，关乎民心、见于形象、及于器物，发挥着塑造生命和社会、凝聚民族和国家人心的重要作用。

## 小鞋与大脚的故事

人生中会发生很多事，但真正能拨动你心弦、撼动你心灵的事却不多。在我的人生中，有一件事不仅会让我记一辈子，而且会时不时拿出来品味其中的滋味。

记得 1984 年，老厂长被调离，新厂长上任。那时我正在给老厂长办一件私事。老厂长被调走，有朋友就劝我再不要管他的事了，因为机关不少人都传说老厂长曾经在提拔新厂长上有过不同的意见。朋友说，你要是还给他办事，那新厂长肯定会对你有看法，说不定还会给你穿小鞋。

为此事，我琢磨了好几个晚上。最后，不知是情感战胜了聪明，还是良心战胜了自私。我没管那么多，继续尽心尽力给老厂长办事。而且我自己贴钱从大同跑了好几趟太原，最后总算把老厂长的事给办妥了。办完之后，我安慰自己："管他呢，事都办了，新厂长能理解就理解，不能理解就别理解。他愿怎么对待我就怎么对待我，自己认命吧。"

在以后的工作中，我该怎么做就依然怎么做。一天新任厂长突然打电话让我去一趟他办公室，他递给我一张纸条说："你现在拿着这张纸条去大同皮鞋厂一趟，找苏厂长。你脚大，鞋不好买，我给你在皮鞋厂定做了两双皮鞋，你去取吧，看看合脚不合脚。"我拿着纸条去了皮鞋厂，取上皮鞋，要给苏厂长付钱，苏厂长说："你们陈厂长真够意思，为你的鞋亲自跑了两趟。而且让我用最好的皮料给你做，他这种做法，我也很受感动，所以，鞋就当赠品赠给你，你给多宣传宣传就行了。"我当场试了试，非常合脚，我也不知道陈厂长是怎么知道我脚大鞋不好买这件事的。

从皮鞋厂出来，我端详着两双既合脚又好看的皮鞋，不知为什么，瞅着、瞅着，眼睛里溢满了泪水。就是这两双鞋不仅打消了我对陈厂长的疑虑，而且让我第一次认识到当领导应该具备的大度和气度。这一细小的做法，是一个君子对一个未开化的愚者撼动心灵的点拨和浸润。

更让我难忘的是有一次陈厂长和我出差闲聊时，夸我为老厂长办的那件事办得好。他说："你这样做，很对。通过这件事，我认识了你的为人。你知道，老厂长在提拔我的问题上是有不同看法，他不同意把我从车间主任一下子就提成厂长，希望先从副厂长过渡一下。他这样做也有他的道理，我们应该理解。当时，我最担心的是怕你跟着世俗跑，为了讨好我，不再给老厂长办那件事，或者是找个理由把它推掉。你想一想，人生其实一直都在做两件事，一件是做人，一件是做事。做人是做事的底色、底功和底线，没有这个底色、底功和底线，做事肯定做不好，即使偶尔做好了，那也是一时一事。你能那么对待老厂长，说明你在做人上有你的底色、底功和底线，所以，像你这样的人既可以共事，也可以长久相处。"那天，他还送给我一篇短文，说是共勉。文章里有这样一段文字，特别打动人：

"无论做人还是做领导，都必须把自己的心分成四份，一份是良心，一份是虚心，一份是爱心，一份是尽心。你有了良心，就有了做人、做事的准绳，知道哪些话可以说，哪些话不能说，哪些事可以做，哪些事不可以做；你有了虚心，就有了容器，知道'三人行必有我师焉'，就会明白世界很小很小，心的海洋却很大很大，能装得下很多很多的东西；你有了爱心，就有了善良，就有了光亮，就有了温暖，就有了希望，即使在黑暗中行走你也不觉得可怕，在逆境中跋涉你也不会感到孤独；你有了尽心，就有了责任、就有了担当。有了心的付出，你才会凝聚人心，你才会变成一个受人尊敬的好人、好领导。"

通过陈厂长给我做鞋这件事和反复阅读这段话，不仅及时解除了我心中的担心，而且还让我深切地感受到了一个领导的眼界、格局、胸襟、情怀对一个年轻人的成长是何等的重要。与此同时，我也真正理解了什么是中国文化，什么是中国人文，也认识到中国文化、中国人文与企业管理之间的奥妙，更感受到了中国文化、中国人文的魅力和温暖。

## 何谓中国人文？

中国人文这个词，最早出现在《易经》里："刚柔交错，天文也。文明以止，人文也。观乎天文，以察时变；观乎人文，以化成天下。"北宋程颐著的《伊川易传》卷二解释为："天文，天之理也；人文，人之道也。天文，谓日月星辰之错列，寒暑阴阳之代变，观其运行，以察四时之速改也。人文，人理之伦叙，观人文以教化天下，天下成其礼俗。乃圣人用贲之道也。"

由此可见，中国人文是中国传统文化里重点关乎什么是"人"，要成为什么样的人，用什么样的"文"来引领、定向和把握人的成长与成功的大学问和核心文化。

中国人文，是根植于中国人内心深处的精、气、神，是中国人血脉相连、心灵契合的文化基因，是中国人、家庭、民族整体素质、集体形象、集体精神、集体人格和集体担当的文化底色、底气和底蕴，是中国人在烟火气息里谋生、平淡生活里找乐的密码和智慧。它里边还包含着不少做人和做事的原则、红线和底线。

中国人文是久远的历史回响，也是当下的才思迸发；它是倍加精心呵护的物质和精神的遗产，也是可亲近、可触摸的当下生产活动和生活方式；是中国文化中最优秀、最温暖、最感动、最能提升人的素质的那部分。

由于中西文化、文明演变的路径、方式、方法不同，因此孕育了各自不同的人文要素。那么，中国人文与西方人文有哪些大的区别呢？

中国人崇尚"顺天应人""天人合一""道法自然"，善于向自然学习，拜自然为师，与他人、自然和谐共生。

西方人崇尚知识、科学、技术、工具等；中国人在此基础上，还注重道理、阴阳、人文等喜欢"论道经邦，燮理阴阳"，用大爱、道理来引领人对知识、科学、技能、工具的运用和创新，用谦和、温暖、智慧来破解人生中的各种疑难杂症。

中华文明不像西方文明那样是宗教性文明，中华文明是"以人为本"的文明。这种文明，始终关注的是人，关注的是老百姓的现实世界，而不是彼岸世界；这种文明，始终以人作为尺度，在承认人的有限性基础上又充分肯定人的无限性。这种人文立场，在各个领域表现出强烈的人文关怀和人文伦理。这种人文立场，不像古希腊那样建立在理性或者是知性的自觉之上，而是建立在人的道德性的自觉之上，从而构成了"以人为本"和"以道德为中心"的中华文明的一体两面。

中国人文，高度强调人伦的和谐，其实质表达的是对群体价值重视。而在中华文明的视野中，群体价值的实现，主要是建立在个人对伦理责任的承担。而非像西方那样突出个人对权力的主张与欲求上。也正因为此，中国人文很早就建立起以家、国、天下为重，以责任、担当为先的伦理道德意识，并在实践中体现出强烈的家国情怀和天下担当。

中国人文，给中国人的平淡生活增添了很多的烟火气息和人间真情，也让中国人学会了过"贫而乐，富而好礼""乐以忘忧"的普通人的日常生活，学会了享受生命和生活全过程的快乐和幸福，而不是像西方人那样过多地追求和享受目标性、功利性、结果式的快乐和幸福。中国人很早就发现，过度追求和享受目标性、功利性、结果性的快乐和幸福，会给人生增添不少的焦躁、苦恼和麻烦，甚至会为了结果不择手段，从而引来诸多成功并发症和后遗症。

中国人的人文素养，是中国人成长与成功的基石、灯塔、扶梯、精气神和暖宝宝。它决定着一个人的思维方向、思维方式、言谈举止、沟通方式、做事风格和综合能力。中国人的人文素养，如同人的血液，渗透在人的各个方面，它是一个人走正、走稳、走远的指路明灯和压舱石。

## 年轻人拿什么求职？

李开复在《与未来同行》一书里提到这样一件事：

"我曾面试过一位求职者。他在技术、管理方面都相当的出色。但是在谈论之余，他表示，如果我录取他，他甚至可以把他在原来公司的发明带过来。随后他似乎觉察到这样说有些不妥，特作声明：那些工作都是在他下班之后做的，他的老板并不知道。这一番谈话之后，对于我而言，不论他的能力和工作水平怎样，我都不会录用他。原因是他缺乏最基本的职业道德'诚实'和'讲信用'。如果雇佣这样的人，谁能保证他在这里工作一段时间后，把在这里的工作成果也当作所谓的'业余之作'而变成向其他公司讨好的'贡品'呢？这说明：一个人品不完善的人是不可能成为一个真正有所作为的人的。"

在这个故事里，我们可以看出，这个求职者只注重了他的技术能力的提升，而忽视了他的人文底蕴的修养和积累。甚至他自认为，能力远比人品重要。

近期我看过一档很火的求职节目，节目里的一个男嘉宾给我留下了较深的印象。他说他曾是原公司连续几年的销售冠军，面对 12 位用人单位的老板提的各种问题，他回答如流，滴水不漏。

后来，有位老板问了他一个问题："你觉得在你的从业经历中，最能说明你销售能力的是哪一件事？"他回答说："我在一家教育培训机构做销售时，成功地向一位月薪两千的环卫工推销了一套五千多元的情商培训课程。"听完他的回答，没想到参与节目的 12 位老板，却不约而同地在第一轮时就为他灭了灯。

当他要离开时有一位老板对他说："越是处在社会底层的人，越无力鉴别信息的真伪和含金量，也越容易被人欺骗。只要告诉他们，听完课程后，你的孩子能成才，他们就迫不及待地将学费交到你手里。五千多元，可能是这位环卫工人大半年辛苦攒下的积蓄。你将不合适的培训课程推荐给明显没有能力负担的人，并且将这件事作为资本来炫耀，很难让人相信，你是个有人品底线的人。我不怀疑你的能力，但是我不看好你的人品。所以，我希望你先在人品上提升一下自己，再来参加竞聘。"

这个年轻人欠缺的就是中国人文教育，更不知道做人和做事的底线是什么。

## 情理法完美结合的人文范式

在传统的中国人心目中，人情、天理、国法三者不仅相通，甚至可以理解为是三位一体的。"合情合理合法"，这个常用语极为恰当地表达着中国式处理问题时的观念和方式。它是把"情理法"三者紧密结合起来，通盘考虑。对于这三者如何运用，的确很难把握，但我的老厂长却给我上了一堂很好的课，让我一辈子都不能忘记，而且我始终以为，这是一堂情理法完美结合的人文范式。

记得我刚当上生产副厂长时，制糖车间偷糖成风。现实逼得我这个管生产的副厂长也不得不配合管安全的副厂长一块儿先从抓偷糖开始。

我们连着抓住了好几个偷糖的小毛贼，分别进行了严肃处理。但几个小毛贼说："你们只抓小，不抓大，我们不服气。"听他们这么一讲，我们意识到车间里肯定还有大的偷糖贼，如果不把他抓住，偷糖风是刹不住的。于是，我们又下了五六天的功夫，终于有一天的后半夜在堆甜菜的后场地里抓住了一个大贼。他一次就偷了三十多斤糖。紧接着我们又去他家搜出一千多斤糖。

面对这么大的一个偷糖贼，我和管安全的副厂长都建议陈厂长把他送到派出所，最好让他蹲上几年大牢，这样对全厂偷糖者会产生更大的震慑作用。然而当我们把想法与厂长说过之后，没想到陈厂长竟然说："我们抓偷糖，处理人不是目的，而是要借处理人这件事，把我们的管理搞上去，使以后这类事尽量少发生或者是不发生。你们了解过没有，这个偷糖的工人，家里有三个小孩，女人又没工作。我们如果把他送进监狱里，他最多蹲上一两年，可是出来后，他不仅工作没了，而且再找工作也很难。到那时他全家人怎么生活？而且，他从监狱出来之后到了社会上，还会给社会造成很大的不稳定。所以，我建议还是不要往监狱送了。把他开除出厂，让他好好反省、多受点教育就行了。"

把这个人开除出厂之后，全厂的偷糖风终于被刹住。让我没想到的是，大约过了三个多月，厂长把我叫到他的办公室说："我联系了一家工厂，让那个偷糖的工人去那里上班吧。他调走的时候把他的处分从他的档案袋里抽出来。你告诉他，这件事不要和任何人说，尤其是到了另一个厂，千万不能再犯这类事了。"

这位偷糖工人自从被开除出厂之后，一直待在家里吃不下饭睡不着觉，不知以后的日子怎么过。当我悄悄地去他家把厂长的意思转告他之后，他马上要给我下跪，被我拦住了。我诚恳地和他说："你不要感谢我，你只要懂得厂长的一片好心好意就行了，到了那个工厂，重新做人好好干。这就是我们对你最大的期望。"这个工人听完我说的话之后，号啕大哭，满脸愧疚地说："我对天发誓，以后再做这种没脸的事天打五雷轰。"他很珍惜那份来之不易的工作，没过几年还被评上了优秀工人。

通过这件事的处理，我才真正感受到了什么叫中国式管理，也真正感受到情理法完美结合所产生的威力和魅力，也更加感受到中国人文的神奇、温暖和智慧。而且让人没想到的是，也正是在这一届班子的带领下，他们用中国人文引领、统揽企业发展，全厂上下一盘棋，精耕中国"术"，遵循中国"道"，善用中国"化"，很快在全厂形成了"心往一处想，劲往一处使"的文化氛围，使我厂连续三年摘得了十项经济技术指标全国第一的桂冠，并赢得了亚运会专用糖的美名，与此同时，全厂职工住房条件也得到了很大的改善，职工收入有了较大的提高，全厂政通人和，大家都以能在大同糖厂上班为荣和自豪。

## 中国人文对当代人的成长与成功有何用？

随着全球化、现代化和各种各样"化"的加速运用与实现，有越来越多的人认识到科学、技术和资本的巨大作用。尤其是当科技与资本联姻后，其发挥出的效应更是无法估量。但科技和资本是两把锋利的双刃剑，它们一边帮助人们做成许多大事、正事和好事，创造出许多人间奇迹；一边又诱惑人们干出许多傻事、恶事和坏事，给世界带来可怕的灾难和人祸。

面对如此巨大强烈的反差，许多科学家、经济学家、哲学家和政治家都在反思和自问：人类的生存与发展究竟应该不应该重视科技和资本？人的成长和成功是否应该把重点放在掌握和运用科技和资本之上？

答案是肯定的，人类的生存与发展必须高度重视对科技与资本的掌握和运用；人的成长和成功永远也离不开对科技和资本的学习、掌握和运用。但历史与现实的经验和教训又反反复复告诫我们：人类的生存与发展只重视科技与资本的作用是远远不够的，是非常危险和可怕的。人类在重视科技与资本的同时，还必须高度重视人文对科技与资本的引领、定向、平衡、支撑和总揽作用。

如果把运用和创新科技与资本的能力看作是专业能力的话，那么运用和创新人文的心力则是母体能力、综合能力。它决定着运用和创新科技与资本能力的起点、走向、着力点和落脚点。

如果把科技与资本比喻为成长和成功的重要抓手和梯子的话，那中国人文就是成长和成功的基石、火把和方向盘。中国人文能为成长和成功培根铸魂，能打好做人的底色和底气、做事的底功和底力；能提升人的素养、教养、学养、修养和涵养。

一个人如果能把人文与科技、资本结合在一起加以综合运用，那就能帮助你协调好自己与家庭、自己与他人、自己与团队、自己与社会、自己与国家等各种各样的关系。

中国人文，始终指向一种平静、温暖、美好、超脱的精神状态，指向一种超越个体生命的有限存在和有限意义的心灵境界。一旦有了中国人文这种心灵境界，人不再是单个的我，也不会感到孤独，不再感觉会被抛弃，不再感觉生命的短暂和有限，不再构成对自己精神的威胁或者重压。在中国人文里，随时都能看到前行时的灯塔和航标，在最困难和最危险时也能感受到做人的温暖和做事的希望。

中国人文，能帮助人处理好传承与创新的关系，能帮助更多的人做到：以文化人，以文正心，以文铸魂，以文立业，以文弘艺，以文乐生。中国人文，可以为每一个人的健康成长和成功提供强大的价值引领力，文化凝聚力，精神推动力。

## 人文底蕴与专业提升

《文心雕龙·神思》云："积学以储宝，酌理以富才，研阅以穷照，驯致以绎辞；然后使玄解之宰，寻声律而定墨，独照之匠，窥意象而运斤。"人之所以能产生神思，人所以能创造艺术，不仅取决于平时对专业技术的掌握和运用，而且还取决于一个人的人文底蕴。平时看似一些无用的人文积累和沉淀，到了一定程度就会变成"独照"的光芒，破题的神思。诚如《荀子·劝学》所云："是故无冥冥之志者，无昭昭之明；无惛惛之事者，无赫赫之功。"

古今中外，几乎所有的文化巨匠都很在意平时的人文底蕴的积累和沉淀，注重天赋与努力的契合。他们成长和成功的经历告诉我们，"欲开前人未有之境，必备常人未具之功。"他们的成长和成功，闪烁着艺术的光泽，更不失人文的大美。

药王孙思邈在《大医习业》中说过这样一段话："若不读五经，不知有仁义之道；不读三史，不知有古今之事；不读诸子，睹事则不能默而识之；不读《内经》，则不知有慈悲喜舍之德；不读《老》《庄》，不能任真体运，则吉凶拘忌，触涂而生。至于五行休王，七曜天文，并须探赜。若能具而学之，则于医道无所凝滞，尽善尽美矣。"孙思邈认为，要成为一个苍生大医，必须学好用好人文，用人文引领、定向、支撑和保障自己的学医和行医。

一代名医张景岳在《景岳全书》谈"道"的一集里写到自己在"东藩之野"遇到一位"异人"，他向异人问"医道"时，异人说：我们学医不是学习医学那些知识就完了，你应该知道，儒家是让人修心的，要把自己的心修到至诚的境界；佛家是讲究反省自己，有没有造过业障，如果有就要悔悟，还要持戒，这是干嘛？这也是修自己的心啊，要达到大慈大悲的境界；一个好的医生，要同时用儒家、佛家的方法来修炼自己的心！要使自己的心精诚专一，全身心地为了患者！只有修到了这般境界，那你才可能成为一个好的医生。把学医与修心融为一体，这才是医道。

中医专家罗大伦在《中医祖传的那点东西》里说："要说张

景岳为什么对中医诊断学有那么大的贡献，还真得从人家的知识结构谈起。一般人学治病，也就是跟着别人跑，别人说怎么治病就怎么治病，不会思考，不会创新。可患者的病情变化万千，千篇一律、不能与时俱进的治疗方法又怎么能跟上变化的速度呢？但是张景岳不同，人家的国学基础好，还十分精通天文地理，尤其是《易经》学得好。《易经》是什么？方法论啊！各位千万别以为《易经》拿来是算命的，这可就太小瞧它了，它其实是叙述方法论的，是叙述如何处理事物之间的关系的。尤其可贵的是，它叙述的是动态中事物的关系。自己的处理方法等。那是古人的大智慧啊，一个人如果能把《易经》领会好了，那这个人做事一定是十分成熟的，问题的要害在哪里，自己什么时候行动，都会有一个清晰的思路。"

许多人在学艺的时候，都会遇到瓶颈期。这是什么原因造成的？我以为，造成这种状况的根本原因是你的人文底蕴积淀不够，你的眼界、格局、境界和情怀不高。你如果在学习专业知识的时候，也注意人文底蕴的积淀和人心的修炼，那说不定突然有一天你就会产生顿悟的感觉，醍醐灌顶的醒悟，你所学到的各种知识就会一下子融会贯通。这时的你也许就能突破瓶颈，将自己的"技"升华为"艺"，自己工作中的"术"升华为"道"。

人们对知识和理论的运用和创新，如果没有人文的引领就不能很好地为人类服务；人们对科学技术的运用和创新，如果没有人文作支撑，就不会升华为艺术，也不会产生艺术之美；人们对生命和生活的把控，如果没有人文的加入，就不会变得更有意义、更有温度、更有人情味。

## 为何要经常回归经典？

为何要经常回归经典？要搞清这一问题，我们首先要弄明白什么是经典，《说文解字》上说，"经"是一种有条不紊的编制排列。易中天教授说：经，就是"总这样"，叫"经常"，是"永恒的真理"。《广韵》上说，"典"是一种法、一种规则。"经"与"典"交织运作，演绎着中国文化的风貌，引领和规范着人们的日常行为和生活秩序，决定着中国文化的基调和走向。

中国文化的基调和走向是："天人合一""道法自然""自强不息""厚德载物""和谐共生""以人为本""爱民治国""天下大同"等等。中国文化从神话故事开始，就指向了人间、人民、人心、人事，并始终用这些理念、精神引领和指导着中国人的生产和生活。

武汉大学国学院院长郭齐勇教授在《子不语》一书的总序中说："无论是春秋战国的诸子哲学，汉魏各家的传经事业，韩柳欧苏的道德文章，程朱陆王心性义理，还是先民传唱的诗歌、屈原的忧患行吟，都洋溢着强烈的平民性格、人伦大爱、家国情怀、理想境界。尤其是四书五经，更是中国人的常经、常道。"

有不少学者认为，经典最具有根源性、典范性、权威性和永恒性。深藏在经典里的中国传统文化，它不仅是古人们成长和成功的灵魂、原力、根系、血脉和智慧，而且也是当代人成长和成功的灵魂、原力、根系、血脉和智慧，尤其对当下中国人构建健康人格、铸造民族精神都具有非常意义。

一个人如能经常回归经典，不仅能安顿自己疲惫的身体，也能唤醒自己朴实无华的平常心，更能激活自己的原创力，并能在关键时刻放出光芒为自己的成长和成功引领方向、带来希望和提供保障。

刘勰在《文心雕龙》里说，经典乃"恒久之至道，不刊之鸿教"。它有"教化"人的永恒价值。可以这样说，无论时事如何变化，科技如何发达，生活如何丰富，人们都能从经典的源头活水里找回成长和成功的初心，找准方向和定位，找到最适合自己生存发展的路径和智慧。

有位学者说，经典不是远去的历史，不是抽象的符号，不是过时的皮囊，而是一片大海。所谓当下，那只是我们看上去的那一瞬间的海面。回归经典，我们才能跟古人同处一片历史的汪洋之中。无论你什么时候读经典，都能从经典的海洋里感受到心灵的激荡。经典是经过几千年历史淘汰优胜出来的被证明是最有价值、最管用的东西。

武汉大学冯天瑜教授在《体悟中华元典精义》一文中说："文化元典提供第一批原创性理念与范畴，构筑诸民族乃至整个人类的精神家园。作为先民智慧的结晶、后人思想运行的基轴和腾跃的起跳板，元典精神具有历久弥新的价值。"

《系辞传》讲："一阴一阳之谓道"；庄子讲："《易》以道阴阳"。就是这两句最简单不过的经典语言却奠定了中国人的思维方向和思维方式。从这两句经典语言里我们就能找到如何看待和对待事物变化的本质，使我们在做人和做事时，注意学会在对立中把握平衡，在两难中寻找突破，在变化中寻找解决问题的路径和智慧。

孔子早就告诫人们：学六艺一定要"志于道，据于德，依于仁，游于艺"，学六艺的着眼点在于"教化成德"。他还告诉人们，所有的技能各有自己的着重点，不能偏执在一个方面，一定要把技能"统摄于一心""治于一也"，综合运用，这样才能把技能真正学好、用好，为老百姓谋福祉。

经过改革与开放，人们越来越认识到科学、技术与资本的神奇性和重要性，但与此同时，人们也越来越认识到人文的根本性和统摄性。人们对任何科学、技术与资本的运用和创新，要想取得好效果，规避它们的弊病，就必须用人文为它们的运用和创新培根铸魂；人要想健康地成长和成功，也必须用人文来引领、定向、总揽、平衡和掌控。

中国文化经典，它并不提供解决具体问题的锦囊妙计，但它能够为我们打开一扇又一扇窗户，让我们看到更宽广、更精彩的世界，帮助我们跳出问题看问题，使我们看问题的角度更加多元、更加深邃。只有经常阅读经典，思考经典，才能抵达精神的高原，突破艺术的瓶颈，战胜前进路上的各种艰难险阻，使自己走得更正、更稳、更远。

近年来，习近平总书记在讲话时常引用一些经典话语和经典诗文来说明问题，对此，南京师范大学郦波教授在《"语"近人，言治平》一文中说：

"习近平总书记所引用的这些经典诗文，是民族历史中的智慧沉淀，是中华文明中的治平之言。经由习近平总书记的引用，它们更加彰显了所继承的民族特色，被赋予了更加崭新的时代价值，拥有了蓬勃的生命力和影响力，在我们这个伟大的时代不断绽放出思想的力量。对于我们每一个普通人而言，学习体悟这些治平之言，并且做到学行合一，其实也是扛起火炬、传承薪火的身体力行。"

## 为什么要经常回归平常心？

平常心，是一种平常人拥有的平常想法和平静心情；也是一种不带任何强烈欲望的冷静思考、判断和预测；还是一种不执于教条的心态，更是把心放在脚踏实地上、放在功夫的积累和沉淀上、而不是放在偷奸取巧上的一种平和心境。

人的平常心由初心、爱心、诚心、真心、细心、专心、尽心、耐心、虚心、静心、恒心和半称心等等共同组成。

人若能经常回归平常心，就能让自己的心静下来。"心静自然清"，人的心一旦能静下来，就会冷静地观察事物，也能一分为二地看待自己和别人，并能听进各种意见和建议，对眼前出现的问题做出正确的判断和选择。

人若能经常回归平常心，就不会丢失自我，不会迷失方向，也不会盲目与别人攀比，追时尚，赶风头，迷失自我；拥有平常心，能使人在各种诱惑和蛊惑面前，保持清醒的头脑，找到适合自己的人生舞台，演好适合自己的人生角色。

人若能经常回归平常心，就不会把自己生活和生命里想要的东西装得太多，也不会把名利得失看得太重，让自己整天疲于奔波，把日子过得太累、太躁、太烦。

人若能经常回归平常心，就能使自己不过于执着，不过于纠结，不过于自卑，不过于浅薄。反而能使自己与时俱进，守正创新，不断地为自己的心注入新的动力、活力、定力和毅力，使自己成为一个健康的正常人，甚至能成为优秀人。

记得有一次我与朋友的女儿聊平常心对人的成长与成功的重要性时她讲了这样一段话，对我触动很大。

她说："大学毕业后为了谋得一份工作，今天考试，明天面试，我瘦了好几斤，最终在一家公司拿到了'饭碗'。可没想到的是，第一个岗位是内勤，收发文书信件、撰写报告、领用物资——类似于"管家"。开始数月，我心中十分气馁，因为同年新人早已开始办业务，收入比我多，工作还没我忙。父亲看到我这副模样，对我说：'做什么事都要从修炼一颗平常心开始，先修耐心，再修细心，接着修尽心，修好了这三颗心，小事、琐事也能成就大事。'听父亲这么一说，我开始调整心态和心情，潜心研究如何把内勤的事做好，力争为同事办理业务提供最好的保障。两年半下来，收发了近十几万页文书，各类汇报材料也写了近二十万字，工作琐事也能处理得井井有条。与此同时，我也收获颇丰，人际交流能力和办事效率得到提升。正因此，机会也来敲门，我被调到了我最想去的岗位。首份工作让我明白：一个看似低门槛的工作，抱着不同的心态、心情去做，结果天差地别。你对工作认真，工作就会给你应有的回报。"

记得在 2021 年东京奥运会上，20 岁的杨浚瑄夺得金牌后记者采访她，她颇为谦虚地说："这个项目中，有些世界顶级高手没有参赛，给了我这次机会。我是以平常心去游。赛前自己身体状况不太好，通过不断调整、调动自己，能有这样的结果非常不容易，这是一次非常宝贵的经历。"杨浚瑄在国家队的指导教练王爱民也说："杨浚瑄这孩子性格比较文静、温雅，喜欢写字绘画。通过写字绘画，她可以静下来思考一些问题，包括对技术的改进，以及怎样去掌握教练传授的技术要点。"

## 人文管理与制度管理

人是个体，也是家庭人、团队人，更是社会人。人的成长和成功，始终离不开家庭、团队、社会的配合和制约。就需要在家庭、团队、社会建立人文管理和制度管理，并能将这两种管理有机地结合在一起，完美地融合在一起，使之相得益彰。

制度管理是改变管理的无序状态，提高管理效率的有效模式，它有利于促进管理的规范化和制度化。制度管理的特点是强制和他律，主要运用强制手段，依靠外力约束人的行为，使人的行为符合规章制度的要求。而人文管理则强调关怀和自律，主要运用思想引领、人文关怀等手段来进行自我约束，使人能自觉地遵守规章制度。人文管理，不仅能改变和提升人的生存、生活方式和质量，而且也能引领、支撑和升华人的精神追求，还能规范和修正人的各种行为，使人工作得更加尽心、开心，生活得更加安心、舒心。

制度管理与人文管理的相同之处是：为实现整体目标创建合适的思想、理念、制度、文化和氛围；不同之处是：制度管理侧重于工具理性，人文管理侧重于价值理性。制度管理侧重于效率和效益，侧重于用责、权、利激励、处罚和规范人对"器"和"具"的运用和创新；人文管理侧重于长治久安、持续发展；侧重于用思想、理念、情感引领人，改变人。人文管理高于制度管理，是管理的最高境界。

人文管理推崇的是：忠诚大于能力，团队能力大于个人能力；人文管理的精髓是人文精神和人文关怀，它要求激发个人的创新能力，这是它的内核。外部环境可以直接影响人的情绪、思想等诸多因素的变化，营造适宜的人文氛围是人文管理的基础。同所有的管理方式一样，人是管理的主要对象，即传统上说的人力资源，但人文管理理论把其称为人文资源，与人力资源不同的是，它更加突显人的资源的文化意义与文化价值，更看重人的品质、品行、眼界、格局和情怀的升华。

懂人文管理的人，善于用思想、道理、规则引领和规范自己，用大爱、情感和利益去协调他人，与人合作，相互成全。懂人文管理的人，会给自己的家庭和团队设计出合适的目标和理想的愿景，在"群"里培养起互爱，建立起规则，搭建起平台，营造出氛围，使"群"里的人在合规、合理、合情的环境中，既能找到适合自己的发展之路和人生定位，又能通过尽职尽责收获属于自己的快乐和幸福。

## 人文管理在家庭中的重要性

现实生活中，有不少人以为家庭里有钱、有爱、有情、相互关怀就足以，家庭里不需要人文管理。我认为，家庭是一个特殊的"群"，是成长与成功最重要的"群"。家里不仅要有钱、有爱、有情、有浪漫、有自由、有空间，也需要有付出、有包容、有规划、有规则、有约束、有要求。也正因为此，在家庭里更要懂人文管理。

在家庭里，也需要把握好彼此相处的方式、方法、分寸和尺度，使双方在矛盾的统一体中，通过彼此关心、主动沟通和相互包容，逐步改变双方，提高双方，慢慢将双方的爱情、激情转化为温情、亲情，把家庭里的潜规则、潜约束慢慢变成双方的自觉行动，这样家庭才会幸福安康。

我有一个朋友的女儿，她就懂人文管理，也善用人文管理和制度管理。她在与男朋友谈情说爱时，就特别注意观察对方对各种问题的看法和想法，以便从中发现他的三观。同时还特别在意他有没有包容心、平常心。在结婚前，她就与男朋友约法六章：一、如果在结婚后发生了分歧，一方吵，另一方必须沉默，等情绪平和后再沟通；二、有外人在时两个人绝不能吵架；三、结婚后每月把两个人的工资各拿出一半存入银行，日后遇到大事时使用；四、家里的活儿，必须由两个人共同承担，如一个人做饭，那另一个人就洗碗；五，在小事上男方要多向女方妥协；在大事上女方要主动与男方商量，双方要多沟通，多包容；六、要共同孝顺双方的父母。

　　我听朋友说，结婚后他们的小日子一直过得平和、真实、踏实，更重要的是通过家庭这个小舞台的演练，使他俩都拥有了与别人合作的信心、沟通的耐心和包容的智慧，以及解决生活中各种问题的能力，所以他们不仅在家里关系处理得好，而且在单位里与同事们的关系处理得也好。双方在单位里都能得到领导的重用、同事们的尊重。

**一条信息，两种运用，两种结果**

　　去年，我的朋友跟我讲了这样一件事，他说："我的一个邻居女儿生小孩，从手机里看到一条信息，说刚生下的小孩不要叫别人抱，以防病毒感染。如果非抱不可那就让抱的人洗手、戴口罩。邻居的女孩生下孩子后，就把这一信息告诉了她父母。第二天她公婆来医院看她们母女，爷爷奶奶看见刚生下来的孙子高兴得不得了，于是就要抱孙子。没想到亲家母无论如何不让抱，让孩子的爷爷奶奶先去洗手然后戴上口罩后再抱孙子。孙子的爷爷奶奶从农村赶过来，不懂得这些知识，一看到亲家这么要求，于是就不高兴了，孩子也不抱了，悻悻而走。从此，两亲家因为抱孩子产生了隔阂。后来婆婆在照顾儿媳母子时由于对养育孩子观念不同与儿媳又引发出不少新矛盾。再后来，小两口就离婚了。你说多可惜。"

　　我说："这都是因为这个女孩和她的父母都不懂中国人文酿成的祸。"朋友问我："此话怎么理解？"我告诉他，我有一个同事的女儿也是同样的情况，但她生孩子后让她的爱人提前打电话给他的父母，让他的父母早一点了解相关知识，做好准备。于是公婆看望孙子时主动洗手，戴上了口罩。在此后的日子里，这位儿媳都特别注意与婆婆沟通的方式和方法，她与公婆关系处理得一直比较好，两亲家之间也很和谐。

我接触过我这位同事的女儿，她是学中文的，又喜欢哲学，她为人处事很得体，也很到位，据说在单位也善于处理与他人的关系。她不仅懂中国人文，而且也善于运用中国人文。

一个懂中国人文并善于运用中国人文的人，在处理事情时，尤其对知识、技术和别人的经验运用时，不会邯郸学步、照猫画虎，更不会刻舟求剑；他们不仅注重眼前的结果，更注重长远的效果；不仅注重当下问题的解决，更注重是否会留后遗症和并发症。

当今，不少大学生掌握了很多知识，却不能把这些知识转化为能力，他们每天都接受很多的信息，却不懂得如何灵活运用，造成这些问题的根本原因是他们在成长的过程中只重视了知识和技能的学习，而轻视了对人文的学习；到了社会后，只重视对科学技术的掌握和运用，却轻视了对中国人文的掌握和运用。

人们对知识、科学技术的运用，如果没有人文的引领、定向和掌控，知识有可能变为教条，科学技术甚至有可能变为潘多拉魔盒。

前段时间，我在《光明日报》看到一篇文章《小小座位育全人》，作者是北京中关村第一小学老师于振华。看完这篇文章，我认为于振华老师在教书育人的过程中，不仅懂人文，懂得中国人常说的"术、道、德、化、心"的深刻内涵，而且会处理中国人文与"术、道、德、化、心"之间的关系。

于振华老师用"育全人"这一人文理念引领小小座位的安排，用公平、公正之心，用"爱心座位""和谐座位""悄悄座位""首席座位"，去探寻安排座位之"道"；她认真听取意见、及时沟通，化解了孩子们和家长因座位的安排而引起的各种心结，最终把安排学生座位这件看似是小事、实则是大事、更是一件非常难办的事，不仅解决得越来越好，而且让学生们通过座位的调整，一次又一次感受到了师生之间、同学之间的关爱和温暖；通过座位的安排，感受到潜移默化的"育全人"式人文教育；而于老师也在安排学生座位的过程中体会到"教育即成长、教育即成功"理念的重要性。

通过这篇文章我们也看出，用中国人文引领，将"术、道、德、化、心"五位一体、融会贯通、整体把握、综合运用于自己的工作和生活中，既难办，也不难办，而且能随时随地享受到快乐。

说它难办是因为一个老师如果把安排学生座位这件事从一开始就想变成自己捞钱的平台和机会，在安排座位的过程中失去了公平和公正，失去了爱心和温暖，是不可能办好的。

说它不难办是因为一个老师如果把安排学生座位看作是一件关乎"育全人"的大事，去掉私心，把心放正，从全局考虑，通过大数据的支持，与学生家长之间的微信互动，就会不断地演变和创新出既新颖又能解决问题的方式方法。

做任何事，都需要用中国人文引领、协调和统揽，在做事的过程中，你紧紧拥抱了中国人文，就拥抱了中国力量和中国智慧，就有了方向盘、精气神和定海神针；你紧紧拥抱了中国人文，就能在做事时把"心"放正放平，自觉遵循"道"的规律和规则，得到"德"的支撑和保障，掌控对"术"的运用和创新，进而善用中国"化"。

中国人文不仅是中华文化的核心部分，也是中华文明的智慧结晶。不仅包含诸多的优秀因子，也极具生命力。你拥抱中国人文越紧，就越能深度积淀这些优秀因子，不断激活这些优秀因子，并赋予它们新的时代内涵；你拥抱中国人文越紧，就越能将传统文化优秀因子与现代科技结合紧密，运用灵活，出神入化，将"术"上升到"道"，"技"升华为"艺"。

关于中国人文的神奇和魅力，范忠信、郑文、詹学农在他们合著的《情理法与中国人》一书的引言中写道："华夏民族是世界上具有最悠久文明史的民族之一。华夏文明史的许多创造，是整个人类文明的奇迹。在一个人口居世界首位的国度里，仅以相对简约的律条规范着千百年间丰富复杂的社会生活；许多没有法律的威严的外表而实际上无所不在地约束人们行为、起着法律般作用的东西，自人们幼年起即开始不知不觉地输入人们的头脑中，成为人们'自发的'习惯，甚至成为人们性情的一部分；在一个没有国教的国度里，一种温和的人文的学说使人们建立起系统而又完善的信仰和价值观，使人们摆脱了极端功利和庸俗的心灵境界。虽然在历史过程中也有一些罪恶作为它们的副产品相伴而生，但谁也无法否认：这样一种社会生活模式或境界的设计，这样一种国家体制和社会管理的实践，都是整个人类最宝贵的文化遗产之一。"

# ▶▶▶ 第九讲　中国式成长与成功的特色与特征

## 特色之一：注重自己成长

中国式成长的第一大特色是：注重自己成长，尤其注重在成长中"克己"和"修己"。费孝通先生说："扬己和克己也许正是中西文化差别的一个关键。"

中国古代哲人认为，自己才是成长与成功中的主力军，始终是自己人生的第一责任人。在成长的过程中，只有不断地深加工自己，人才能健康成长，有很大可能成功。

从许多中国神话故事和传统文化的经典语言里我们都可以看到，中国人不信神，不信鬼，只相信自己，他们更愿意通过"克己""修身"，通过自己的努力奋斗，把命运尽可能地掌握在自己的手中。

任何人的成长与成功，固然需要父母托举，高人指点，贵人帮扶，小人磨砺。但起根本性、决定性作用的还是自己，靠"知己"

和"修己"，一步步深加工自己，最后将小我升华为大我，使自己担当起自己人生的各种角色和使命。

《周易》说："天行健，君子以自强不息；地势坤，君子以厚德载物。"老子说："知人者明，自知者强。"孔子说："修己以敬，修己以安人，修己以安百姓。"曾子说："任重道远，以天下为己任。"元代诗人范梈说："人生万事须自为，跬步江山即寥廓。"

所谓"知己"和"修己"，就是认识自己，管住自己，改变自己，提升自己，超越自己。这既是成长与成功的五道大坎，也是成长与成功的五大台阶。

人生是一本书，封面是父母设计的，书中少部分内容靠父母帮着你写，但大部分内容靠自己写，尤其是书的厚度、深度、精彩部分全靠自己书写。

谁能早一天认识自己，搞清自己的个性、爱好、特长和短板，找到适合自己前行的道路，找到适合自己的人生角色和表演舞台，谁就能为自己的成长与成功打好基础，立稳脚跟，打通前行时的通道，搭建起前行时的防护栏，使自己行稳致远。

谁能早一天管住自己，改变自己，提升自己，谁就能为自己的成长与成功补齐短板，拓宽自己，不使自己经常输在短板上，也不会使自己走进人生的死胡同，造成终生的遗憾，谁就能在成长与成功的过程中扮演更多、更大、更重要的角色，发现人生更多、更大、更重要的舞台，挖掘出自己更多的潜力。

谁能早一天超越自己，谁就能早一天突破成长与成功的瓶颈，将小我变成大我，将知识转化为智慧，将技术升华为艺术，将人生这本书越写越好，越精彩，越厚重。

## 特色之二：注重自然成长

中国式成长的第二大特色是：注重自然成长。中国古代哲人认为，自然永远是人类最棒的教师。

早在二千年之前，老子就发出震耳欲聋的声音："道法自然"。"自然"是道的本质特性，是道的精髓。道生万物是不假外力自然而然地生成，是一种不得不然的"自然"。管子在《管子·心术》一文中谈到"道"的时候，就说："得天之道，其事若自然。"

王蒙先生在《老子十八讲》里说："在这里（指《道德经》）老子很惊人地提出了一个'自然'比道更高的概念，就是说任何事情自己运动、自己发展、按照自己的规律来办事恰恰是道的精髓、道的核心、道的根本，就从根本里头找根本。'道'已经是根本了，没有再根本了，但是从根本当中还能再找出一个根本来，那就是'自然'。"

凡是自然的东西，都是缓慢的。比如太阳，总是一点一点升起，一点一点落下；比如花朵，总是一朵一朵开放，一瓣一瓣落下。还有稻谷的成熟，都是缓慢的。自然界那些急速发生的事，大都是灾难。比如火山爆发、地震、山洪、泥石流等等。生活告诉我们，着急没有用，人太着急就容易出事，而且可能出大事。遗憾的是，现代人太着急了，做什么事，都希望快，总是急切想要一个结果。结果是，适得其反。所以，中国古人最敬畏自然，更愿意顺应自然，取法自然，保护自然，与自然和谐共生。

中国式成长与成功里的"自然"，不仅指中国人在成长与成功的过程中，要慢慢成长、成功，要按照规则、规律来做人做事，而且还指要坦然地接受自己所遇到的各种与别人的不同，并顺应这些不同，把自己的特长和特点发挥好，尽可能地规避或补齐自己的缺陷和短板，恰当地选择适合自己成长和成功的路径、方式和方法。

正因为此，当家长的必须学会多给孩子们认识自己、管住自己、改变自己，提升自己，超越自己的机会和氛围，尽可能地让他们根据自身的特点和特长，遵循自身成长和成功的规律去学习做人做事，千万不要强求孩子按照大人的想法成长和成功。

## 特色之三：注重自觉成长

中国式成长的第三大特色是：注重自觉成长。中国古代哲人认为，自觉是成人成才时最好的通道。

老子强调"惟道是从"，孔子强调"修己以敬"，佛家强调"自明"。佛家认为，"觉"是自明。"自觉"就是自己主动弄明白自己是谁，自己要去哪里，自己该干什么，不该干什么，然后"知行合一""勤而行之"。范仲淹大声疾呼："先天下之忧而忧，后天下之乐而乐"；曾子大声呼喊："士不可以不弘毅，任重而道远。仁以为己任，不亦重乎"。从这些微言大义里，我们可以看出，自觉对一个人的成长与成功是何等的重要。

所谓自觉成长，主要包括以下几个方面：

一是指人要有自知之明，要充分认识自己与别人的不同；二是指人要主动了解掌握各种知识、道理、科学和技术，并要学会将它们活化、转化和升华；三是指要倍加珍惜自己的生命，完成好自己的使命；四是指人要主动挖掘自己的天然、顺应自己的自然、把握自己的偶然、多创造自己的必然，应对好自己的偶然和突然，实现自己的自然而然，坦然接受命运中的无可奈何。

从某种意义上讲，"自然"是自己与别人天生的同与不同；"自觉"是主动认识自己与别人的同与和不同，并在充分认知的基础上，主动找到适合自己的人生道路、人生定位和人生坐标，找对适合自己的生活方式和方法，并自觉地养成良好的生活习惯，主动按照中国道笃行。

王阳明说："知者行之始，行者知之成。"人要做到"知行合一，致良知"。将"知"与"行"结合为一，升华为做人的眼界、格局、情怀和境界；使之沉淀成做事的底气、底功和底线。做人有了眼界、格局、情怀和境界，就能提要钩玄，拨云开雾，提高自己的精神站位；做事有了底气、底功和底线，就有了心性定力，就有了把事做成事业、把技能做成艺术的基石。

## 特色之四：注重健康成长

中国式成长的第四大特色是：注重健康成长。中国古人最注重人与人、人与万物和谐共处、共生共长；他们看待成功的理念是：先做人，后做事。他们不仅在乎结果，更在乎享受成长和成功的全过程。他们认为，"谋事在人，成事在天"。不仅重视谋事，重视对六艺的学习、掌握和运用，更重视学习、掌握和运用六艺时一定要"志于道，据于德，依于仁，游于艺。"（《论语·述而》）。

现在，越来越多的人认识到有钱有权不如健康平安，健康是1，其他全都是1后边的数字，没有了1，后边的数字都是"无"。谁拥有了健康，谁才有条件、有资格谈成长与成功。钟南山院士说："健康才是一个人最大的成功。"狄更斯说："一个健康的心态比一百种智慧更有力量。"

健康成长，一是指人的身体要健康；二是指人的心情心态要健康；三是指人的生活方式和方法要健康；四是指人的心思、心理要健康。拥有了这四大健康，人才有条件、有资格领悟和享受人生之乐、生活之美。

当代著名医生洪昭光先生说："我60年没生过病，保持健康的秘诀很简单，就是没心没肺，有头有脑。所谓没心没肺，就是尽量不生气、不着急、睡好觉、吃好饭；所谓有头有脑，就是提得起、放得下、想得开、看得透。我是这么想的，也是这么做的。"他还说："人只要做到心胸有宽度，境界有高度，思想有深度，行动有力度，就不至于在生活中无所适从。获得健康的方式并不是刻板的。……我从来不去设想我80岁以后的事情，《易经》里讲：'乐天知命，故无忧。'就是指人要自觉地顺应自然规律，每一个人的体质不一样，每一个人的经历也不一样，所以，每一个人的命运也不一样。但每一个人都能获得自己的成功，因为把握好、平衡好、活好自己就等于成功。"

文学家李渔在《闲情偶寄》里说："乐不在外而在心，心以为乐，则是境皆乐，心以为苦，则无境不苦；善行乐者，必先知足；以不如己者视己，则日见可乐；以胜于己者视己，则时觉可忧。"李渔认为，健康的关键是修养身心，培养健康体魄与平和心态。苦和乐是相对的，心态好，日常生活中也可以找到乐；心态不好，钱多的日子也觉得苦。尤其不要整天与人攀比，要知足常乐，多想想世上还有比自己境遇更差的人，烦恼和忧愁就会少许多。

### 特征之一：看重正常成功

中国式成功的第一大特征是：看重正常成功。老子说："知常曰明；不知常，妄作，凶。"由此可见，正常是一个人行稳致远的防护栏和保护神。

人的成功，有正常与非正常之分。正常的成功，来源于人生每一步的踏实、每一次的诚实和做每件事的扎实。不正常的成功极有可能给自己今后的成长和成功带来诸多的并发症和后遗症。

得道多助，失道寡助。人与人、企业与企业、国家与国家靠争斗、抢劫、欺骗、战争获得的成功，是不正常的成功。这样的成功，不仅会受到他人、他国的谴责，而且或迟或早都会受到他人、他国以及大自然的报复。中国先贤始终认为，人的正常成功必须建立在人与人、人与自然、人与社会的和谐、融合之上。这样的成功，虽然是漫长的，经常是艰辛的，很多时候是痛苦的，但它能保证人走正、走稳、走远，能给人带来平安、健康、快乐和幸福。

一个人要想收获正常成功，关键是要做到以下几点：一是要守住做人的底线、良心和诚信；二是要遵守和遵循做事的规则；

三是所选择的路径和方法要适合自己的特点、特长；四是成功不能靠强取豪夺、坑蒙拐骗、偷奸取巧、胡作非为而获得；五是看清和看淡物欲、名利、虚荣、世俗等。物欲能使人变得贪婪，名利迷惑人的判断，虚荣让人犯糊涂，世俗让人心乱。

## 特征之二：看重智慧人生

中国式成功的第二大特征是：不仅看重知识人生、科学人生、技能人生，更看重智慧人生。

苏格拉底说："知识关乎自然，智慧关乎人生。"知识是必然思维的结果，而智慧则是辩证思维的产物。知识是前人对客观事物认识、探索和实践的总结和概括，而智慧则是今人对现实生活的新认识、新探索和新方法。易中天老师在《中国智慧》一书里说："知识属于社会，智慧属于个人；知识可以授受，智慧只能启迪。"

智慧人生，不是在工作和生活中偷奸取巧，处处算计别人，也不是走捷径、耍手腕、玩花样，更不是竭泽而渔，在结果上斤斤计较，而是拥抱变化，顺应变化，与人合作，相互扶持，遵循规律，共渡难关，坦然面对人生中的各种挫折、打击、磨难和成败。

"谋事在人，成事在天。"所以，在看待和对待人生上，要"在因上努力，在果上随缘"。所谓"在因上努力"，就是强调在成长和成功的过程中，首先要在影响自己成长和成功的重要因素上勤奋学习，在决定自己的命运的关键元素上努力把握。人只有通过勤奋努力把握好这些重要因素和关键元素，才能收获越来越多的成功，才能使自己活得健康、阳光、快乐、积极、向上。

所谓"在果上随缘"，就是告诉人们，成长和成功除靠自己的主观努力之外，还有许多自己不能掌控的外部环境和客观条件，比如，时运、时机和自己的所见、所遇，以及他人的配合等。所以，要学会理智地看待自己在人生中努力和奋斗的各种结果，以及各种阶段性目标的实现。要做到，既在乎结果，但又不斤斤计较结果。既不纠结于一时一事的成败，也不被一时一事的成败把自己打倒。二是要学会坦然地面对人生中的进与退、得与失、成与败。

在成长与成功的过程中，一旦拥有了这样的理念和智慧，就能活得简单、自然、自在、自由，就不会因为对象谈了很久突然吹了一时想不开就跳楼自杀；也不会因为努力了很长时间，眼看要提职加薪，突然间又变成了他人，于是自己就说不干就不干了。中国人既要懂得"天道酬勤"的自然性和必然性，同时也要知道"乐天知命"的必要性和奥秘性。

人生既充满着知识性、科学性、必然性，也包含着多样性、不同性、不可比性，更隐藏着趣味性、艺术性、智慧性和奥秘性，还存有不少的不可掌控性和无可奈何性。

正因为人生饱含着知识性、科学性和必然性，所以，才给成长与成功带来了希望和激情，才要努力奋斗；正因为人生包含着多样性、不同性、不可比性，才给成长和成功带来了更多的人生选择和自觉接受；正因为人生隐藏着趣味性、艺术性和奥秘性，才给成长与成功带来了挑战性、好奇性和探索性；正因为生存有不可掌控性和无可奈何性，所以，还得学会"安之若命"，坦然接受自己眼前的命运。也许正因为你能坦然接受眼前的命运，或许才会使你产生未来另一种命运。

中国古人云："认命才能改命"，指的就是生命的奇妙性和一体性："有失就有得，有得就有失。"好多历史名人，他们修心能修到一种超然脱俗的境界，他们能坦然接受许多人接受不了的命运。也正因为此，历史又让他们创造出另一种新的命运。这样的人生，才是智慧人生。

中国智慧里不仅包含着"道法自然""天人合一"的自然观，包含着"天下为公，世界大同"的世界观，也包含着"和而不同，求同存异"的价值观，包含着"以民为本，为政以德"的治世之道，还包含着仁者爱人、以德立人的人生哲学，更包含中国人快乐活好每一天的艺术性、巧妙性和奥妙性。

中国智慧，是中国人特有的一种辩证思维模式，一种哲学的研究范式。是中国文人身处喧嚣而凝神静听的心力，身处繁杂而自在悠远的定力，是个人与自我和谐相处的能力，是战胜自我、适应社会的毅力，是一种给自己人生留白的能力；也是中国老百姓在烟火气息里谋生，在平淡生活中找乐的品性；更是中国人与自然、社会和谐共生共处的绝妙艺术。

## 特征之三：看重家国情怀

中西方在探讨人的成功上，既有理念的不同，也有方式方法的不同，但最大的不同是把成功的落脚点放在了不同的位置上。

西方人把成功的落脚点放在了为己赚钱和出类拔萃上，而中国人把成功的落脚点放在了为民、家国和共同发展上，放在了人、家、国、自然的和谐和统一上。这一点也正是中国式成功的最大特征。

《孟子》曰："天下之本在国，国之本在家，家之本在身。"人是家的主人，家是国的基础，国是人和家的靠山。在中国人的精神谱系里，国家与家庭、家庭与个人，都是密不可分的整体。国家好，民族好，大家才会好，人、家、国、自然同声相应、同气相求、同命相依。正因为中国人如此感念个人前途与家庭、国家命运、自然和谐的同频共振，所以中国人始终主动融个人、家庭情感、爱国情感与大自然为一体，从孝亲敬老、兴家乐业的义务走向济世救民、匡扶天下、天人合一的担当。

"知责任者，大丈夫之始也；行责任者，大丈夫之终也。"责任和担当，是中国人家国情怀的核心所在，没有谁比中国人更看重"家国"。"家是最小的国，国是千万个家。"一曲《国家》曾唱响祖国的大江南北、大街小巷，它唱出了中国人发自心底的心声。

如果说家国是中国式成功的落脚点，那家国情怀就是中国人成长与成功的根和魂。家国情怀宛若川流不息的江河，流淌着中华民族的精神血脉，滋润着每个人的精神家园。家国情怀，与其说是心灵感触，不如说是中国人的文化传承和生命自觉。

无论是《礼记》里"修身，齐家，治国，平天下"的人文理想，还是《岳阳楼记》中"先天下之忧而忧，后天下之乐而乐"的大任担当，抑或是陆游"家祭无忘告乃翁"的家国情怀，从来都不只是摄人心魄的文学书写，更近乎你我内心之中的精神归属。那种与国家民族休戚与共的壮怀，那种"以百姓之心为心、以天下为己任"的使命感，都来自那个叫作"家"的地方，都最终要回到"国"的大地上，扎根在中华民族的黄土里，落脚在为民谋福祉的行动中。"亦余心之所善兮，虽九死其犹未悔。"精神有了归属，生命就有意义。家国情怀是一股永不衰竭的精神涌流，谁有了它的丰润，谁就能描绘大写的人生、成就不凡的生命价值和人生意义。

　　无论是近代还是今天，为什么总有一些出国学习的学子当他们学业有成后，会放弃国外优厚的待遇，义无反顾地回到祖国，报效祖国？近年来，为什么有越来越多的来自大山的学子，他们从大山走出，又回到大山，去改变家乡，去帮助更多的孩子走出大山？为什么有越来越多的民营企业家赚钱后，更愿意做慈善事业？根本原因是在他们心里，有着深厚的中国传统文化底蕴，有着浓浓的家国情怀，有着重如泰山的使命担当。

　　2008年千里背母上大学的主人公刘秀祥，2012年大学毕业后，他选择回到家乡，当一名乡村教师。2022年任贵州省望谟县实验高中的副校长的他，当选为党的二十大代表。有记者采访他，问他："你刻苦学习为的是走出大山，那为什么你大学毕业后却又选择了回大山？"刘秀祥说："为的是帮助更多大山里的孩子通过读书改变命运。我坚信向上的成长，需要从向下的扎根开始。"

　　民营企业家曹德旺曾说："我做企业，不是为了赚钱，而是为了国家的兴旺发达。"许多人听了这句话，开始都以为曹德旺是说漂亮话，装门面。但当你了解了曹德旺之后，你就会相信这是他的真话。他不仅是一个中国式成长与成功的优秀企业家，更是一个家国情怀很深很重的慈善家。

## 特征之四：看重综合能力

任何时候，若要成为各行各业的"正"者、"大"者、"远"者，就必须提升自己的综合能力。

综合能力是源于"一阴一阳之谓道"的理念、基于"整体大于部分之和"的原理，得益于科技创新的叠加，从而能将各种能力聚合在一起，整合在一起，进而生成一种最强大的能力。

综合能力是建立在各种能力之上的一种能力。这种能力具有大局意识、长远意识、战略意识，能将众人之力凝聚在一起，办成许多大事和难事，而且还不会产生过多的成功并发症和后遗症。

古今中外，"大先生"之所以能成为大先生，"大家"之所以能成为大家，"大师"之所以能成为大师，"大国工匠"之所以能成为大国工匠，究其根本原因，是他们最终拥有了这种特殊能力。

老子在《道德经》里反复强调，"是以圣人抱一为天下式"。也就是说，英明的领导者，一定要从大"一"的高度、大"一"的全局、大"一"的广度和大"一"的长远，综合地去思考问题、统筹解决各种问题。孔子也格外强调："六艺治于一也"。

郝亚洲在《海尔转型笔记》一书中说："中国文化的强力在于变和通，但很少有人提及这前提就是'一'。这个'一'是提纲挈领，是水之源。'执一不失，能均万物'，有'一'便可挥毫，写意留白。对于企业而言，'一'便是'人'。那纸上的墨迹是物，是可视不可动的。留白处则是人，'唯其空，便能包容万物'。人与物要统一来看，缺一不可。这正是西方数理思维下管理理念的不可能之处，物形的工具早把画纸填满，层层等级和烦琐流程也不允许留白的出现。如何作为？"

关于钱学森为何能成为"钱学森"这一话题，近几十年来答案较多。但我更倾向于刊登在《光明日报》上的一篇文章，题目是《钱学森为何能成为"钱学森"》，作者是宋玉荣、吕成冬、王诗惠。文章中有这样一段话我很赞同："基于对钱学森成长经历的分析，可以发现，在钱学森身上有着中华优秀传统文化、现代科学文化和马克思主义思想理论的贯通融合，这三者不仅各自发挥着独特作用，又彼此形成合力，并经由钱学森一生的实践内化为其精神的重要内核。"

文章里还写道："在大量科研实践中，钱学森逐步形成系统论思想和大科学思维，并成长为一名战略科学家。在回国后领导中国航天科技事业的起步阶段，他凭借强大的跨学科理解能力、跨领域组织能力、跨机构管理能力，集中协同有限的人力、物力和财力，在科研攻关之中完成了导弹研制任务。在此过程中，他深刻认识到科学技术与政治、经济、社会之间的辩证关系，并在1978年就提出"系统工程"思想。晚年他还运用还原论方法对世界整体从11大科学门类做出"各个击破"式的研究，再以系统论进行整合后提出"现代科学技术体系"。

通过这两段话，我们可以看出拥有综合能力，对于一个人的成长和成功是何等的重要，何等的关键。

那么，如何才能获得这种综合能力呢？答案是，修养和积淀中国式成长与成功七要素。可以这样说，无论任何时代，无论任何时候，谁能掌握和运用好中国式成长与成功七要素，谁就能健康快乐地成长、正常稳当地成功，谁就能走正、走稳、走远。

# 参考文献

## 一、著作类：

中华书局编辑出版：《新编诸子集成》2010 年

金永译解：《周易》重庆出版社 2009 年

曾仕强：《易经的奥秘》陕西师范大学出版社 2009 年

李　耳：《老子》陕西旅游出版社 2003 年

王　蒙：《老子十八讲》三联出版社 2009 年

傅佩荣：《听傅老师讲〈老子〉》中华书局 2009 年

傅佩荣：《国学的天空》中华书局 2009 年

傅佩荣：《孟子的智慧》中华书局 2009 年

于　丹：《于丹〈论语〉心得》中华书局 2006 年

于　丹：《于丹〈庄子〉心得》中国民主法制出版社 2007 年

于　丹：《汉字之美》北京联合出版公司 2020 年

何　新：《老子新解》北京工业大学出版社 2007 年

姚淦铭：《老子与百姓生活》中国民主法制出版社 2006 年

卫东海：《中国法家》宗教文化出版社 1996 年

许倬云：《中国文化与世界文化》贵州人民出版社 1991 年

梁漱溟：《中国文化要义》上海人民出版社 2011 年

鲁　迅：《汉文学史纲要》二十一世纪出版社 2010 年

真德秀：《大学衍义》山东友谊书社 1991 年

王应麟：《三字经》华文出版社 2003 年

易中天：《中国智慧》上海文艺出版社 2011 年

向世陵：《中国哲学智慧》中国人民大学出版社 2000 年

吴兴明：《谋智、圣智、知智》上海三联书店 1993 年

公　羽：《听南怀瑾谈人生哲学》时事出版社 2016 年

茅于轼：《中国人的道德前景》暨南大学出版社 1997 年

半　夏：《半夏读〈史记〉》花城出版社 2007 年

李开复：《与未来同行》人民出版社 2006 年

吴甘霖：《方法总比问题多》接力出版社 2005 年

张治国：《蒙牛方法论》北京大学出版社 2008 年

晓林、秀生：《再造魂魄》人民出版社 2008 年

冯友兰：《中国哲学简史》北京大学出版社 2007 年

祝和军：《读国学 用国学》新世界出版社 2009 年

马　中：《中国哲人大思路》陕西人民出版社 1993 年

鲁在明：《造化论》北京燕山出版社 2009 年

徐文俊：《西方文化与管理》中山大学出版社 1992 年

张岱年：《中华的智慧》中华书局 2010 年

谭春虹：《情商：决定个人命运最关键的因素》海潮出版社
　　2004 年

曹德旺：《心若菩提》人民出版社 2014 年

罗大伦：《中医祖传的那点东西》北京联合出版公司 2017 年

郝亚洲：《海尔转型笔记》中国人民大学出版社 2018 年

余秋雨：《老子通释》北京联合出版公司 2021 年

余秋雨：《何谓文化》长江文艺出版社 2011 年

余秋雨：《中国文脉》长江文艺出版社 2012 年

田涛、吴春波：《下一个倒下的会不会是华为》中信出版社
　　2012 年

胡　泳：《张瑞敏如是说》浙江人民出版社 2003 年

左明安：《细说汉字》九州出版社 2005 年

黎　鸣：《人性与命运》中国档案出版社 2006 年

聂还贵：《中国，有一座古都叫大同》中华书局 2012 年

刘琳琳：《不简单的三字经》华文出版社 2018 年

范忠信、郑文、詹学农：《情立法与中国人》山西人民出版社
　　2023 年

哥拉西安：《西方智典》中国民航出版社 2005 年

亨斯坦·穆瑞：《钟形曲线》吉林大学出版社 2009 年

戴尔·卡耐基：《人性的弱点》吉林大学出版社 2009 年

丹尼尔·戈尔曼：《情商：为什么情商比智商更重要》中信出
　　版社 2010 年

哈瑞·刘易斯：《失去灵魂的卓越：哈佛是如何忘记教育宗旨》

华东师范大学 2007 年

乔治·萨顿：《科学史导论》上海交通大学出版社 2017 年

克劳塞·维茨：《战争论》中华书局 2009 年

马基雅·维利：《君主论》北京出版社 2017 年

让.波德里亚：《冷记忆 5》南京大学出版社 2009 年

爱德华·德·波诺：《六项思考帽》北京科学技术出版社 2016 年

理查德·怀斯曼：《正能量》湖南文艺出版社 2012 年

史蒂芬.柯维：《高效能人士的七个习惯》中国青年出版社
    2009 年

彼得·圣吉：《第五项修炼》上海三联书店 1998 年

乔舒亚·库伯·雷默：《第七感，权力财富和这个时代的生存法则》
    中信出版集团 2017 年

托马斯·费里德曼：《谢谢你的迟到——》湖南科学技术出版
    社 2012 年

安东尼·克龙曼：《教育的终结——大学何以放弃了对人生意
    义的追求》中国人民大学出版社 2015 年

麦克·哈特：《影响人类历史进程的 100 名人排行榜》中国人
    民大学出版社 2017 年

彼得·德鲁克：《管理的实践》机械工业出版社 2008 年

丹·柏秉斯基：《团队正能量——带队伍就是带人心》中国友
    谊出版公司 2012 年

克劳斯·施瓦布：《第四次工业革命》中信出版社出版 2016 年

里　皮：《思维的竞赛》译林出版社 2014 年

稻盛和夫、梅原猛：《拯救人类的哲学》浙江人民出版社 1997 年

冈田武彦：《王阳明大传》吉林人民出版社 1998 年

斯迈尔斯：《自己拯救自己》北京燕山出版社 1998 年


## 二、文章类

王华玲、辛红娟：《＜道德经＞的世界性》光明日报 2020 年 4
月 18 日

朱　磊：《作品当励志莫"励欲"》人民日报 2015 年 7 月 23 日

张咏梅：《关于进一步提高治理校外学生培训机构效能的建议》
2021 年 3 月 5 日两会上提出

张　冰：《德与才，师道尊严的源泉》光明日报 2019 年 3 月 26 日

张立文：《中国哲学之道》光明日报 2020 年 4 月 13 日

王　曾：《依法治国、依宪执政与"宪政"是两码事》光明日
报 2014 年 11 月 17 日

王兆贵：《听君一席话》人民日报 2017 年 5 月 23 日

顾春芳：《美在意象》光明日报 2024 年 1 月 20 日

王来文：《艺者的使命》光明日报 2013 年 12 月 24 日

吴为山：《朴素的艺术情怀 真实的生命感动》光明日报 2023 年
11 月 19 日

乔忠延：《歌声里的延安》光明日报 2019 年 7 月 23 日乔忠延：
《大雪节气下大雪》光明日报 2023 年 12 月 21 日

申继亮：《养其根，伺其实》光明日报 2021 年 2 月 9 日

钱理群：《大学里绝对精致的利己主义者》2020 年 8 月 27 日北

大讲座

宋玉荣等人：《钱学森为何能成为"钱学森"》光明日报 2024
年 3 月 16 日

郦　波：《"语"近人，言治平》光明日报 2021 年 3 月 15 日

于振华：《小小座位育全人》光明日报 2015 年 3 月 31 日

冯天瑜：《体悟中华元典精义》光明日报 2021 年月 1 日 11 日

异乡客：《君主论之中西比较》搜狐网 2019 年 9 月 22 日

美国哈佛大学神学院教授大卫·查普曼解读中国神话故事 2024
年宁夏高考作文材料一